滨海湿地景观生态修复

Landscape Ecological Restoration of Coastal Wetland

李相逸 著

中国建筑工业出版社

图书在版编目（CIP）数据

滨海湿地景观生态修复 = Landscape Ecological Restoration of Coastal Wetland/李相逸著. —北京：中国建筑工业出版社，2022.4

ISBN 978-7-112-27299-0

I.①滨…　II.①李…　III.①海滨 — 沼泽化地 — 生态恢复　IV.①P941.78

中国版本图书馆CIP数据核字（2022）第061042号

　　本书主要探讨了如何通过景观规划设计的手段提高物种多样性，并对遭到破坏的湿地生态系统进行修复。书中以天津大黄堡湿地、北大港湿地自然保护区及官港森林公园为参考场地，以七里海古潟湖湿地为验证场地，调查分析了每处场地中不同栖息生境内的鸟类丰富度情况及相关环境因子。根据环境因子对鸟类丰富度的影响，结合鸟类对生境环境的偏好，从生态系统、斑块生境及小生境三个层面对验证场地内不同的栖息生境进行分析，并提出了相应的修复或营造策略。湿地生态修复是动态、漫长且需要不断完善的过程，因此，还应该将修复后的监测与管理纳入其中，不断调整修复策略，真正发挥生态修复的作用。

责任编辑：刘瑞霞　辛海丽
责任校对：赵　菲

滨海湿地景观生态修复
Landscape Ecological Restoration of Coastal Wetland
李相逸　著

＊

中国建筑工业出版社出版、发行（北京海淀三里河路9号）
各地新华书店、建筑书店经销
北京点击世代文化传媒有限公司制版
北京建筑工业印刷厂印刷

＊

开本：787毫米×1092毫米　1/16　印张：12　字数：246千字
2022年6月第一版　2022年6月第一次印刷
定价：**50.00**元
ISBN 978-7-112-27299-0
　　　（39104）

人类社会经历了从惧怕自然、征服自然、"战胜"自然，再到寻求与自然和谐相处的阶段，"一部人类文明的发展史，就是一部人与自然的关系史"。在新科技、新材料、新能源不断发展的今天，人们一方面探索着如何以"新"换"旧"，另一方面也正在寻求合理的方法让已经被污染或被破坏的生态环境恢复健康，且使之能够与人类和谐共处。

我国从党的十八大以来，将生态文明建设提升至了国家战略决策的层面，足以见其重要性。在轰轰烈烈的经济发展时代潮流中，人们开始渴望更蓝的天，更清的水，更动听的鸟鸣……所有这些代表自然、生态、绿色的环境要素，都需要与人类文明一起奔赴向前。

湿地生态系统是地球上三大自然生态系统之一，兼具陆生生态系统和水生生态系统的特点。湿地生态系统能够为人类提供多样的生态服务，同时也是多种生物的生存环境，其重要性无可替代。然而，由于人类快速的城市建设活动，自然生态环境遭到了破坏，湿地生态系统的退化和面积萎缩等问题在世界范围内有愈演愈烈的趋势。如何实现生态系统的健康可持续，并保证物种的多样性已成为国内外学者关注研究的热点问题。

鸟类对环境变化的感知较为敏感，且在湿地生态系统内处于生物链的顶端，其丰富度和分布情况能够在一定程度上直接反映栖息生境的健康程度，同时能够间接反映其他物种的丰富度，因此本书中尝试以鸟类作为主要指示物种，从景观生态学与景观规划的角度对湿地生态修复进行理论和应用层面的探索，以营建多种适宜鸟类生存的栖息环境为手段，达到提高物种多样性及湿地生态修复的目的。

书中选择了天津大黄堡湿地、北大港湿地自然保护区及官港森林公园为参考场地，七里海古潟湖湿地为验证场地，调查分析了每处场地中不同栖息生境内的鸟类丰富度情况及相关环境因子。根据环境因子对鸟类丰富度的影响，结合鸟类对生境环境的偏好，提出了相应的修复或营造策略。湿地生态修复是动态、漫长且需要不断完善的过程，因此还应该将修复后的监测与管理纳入其中，不断调整修复策略，真正发挥生态修复的作用。

本书的出版由国家自然科学基金青年项目（项目编号：51908364）、广东省本科高校教学质量与教学改革工程（含教改）建设项目、深圳市优秀科技创新人才培养项目（项目编号：RCBS20210609103755112）、深圳大学教学改革研究项目资助。本书系深圳市建筑环境优化设计研究重点实验室、深圳大学美丽中国研究院研究成果之一。

本书的出版首先要感谢我的两位导师！一位是天津大学的曹磊教授，从曹老师身上学到的不仅是专业知识，更是"学者该是什么样"的态度和格局；另一位是 UBC 的 Patrick Mooney 教授，他为我打开了新世界的大门。从 Patrick 逐字逐句帮我修改英文论文，到跟随他以 TA 身份进行 LARC 541 课程学习，再到他以"别人我都不告诉"的语气告诉了我"3 tips for work"，他大概是迄今为止我见过的最可爱的老师，当然他对学术的严谨态度亦是我学习的榜样！

有幸在漫长的学习和不算太久的工作生涯中遇到了太多很棒的人，比如深圳建筑环境优化设计研究实验室的挚友们，比如深圳大学建筑与城市规划学院的同事们，比如天津大学的老师同学们，比如我的家人和朋友们，在此一并致谢！

李相逸

2021 年 12 月于深圳大学荔园

滨 海 湿 地 景 观 生 态 修 复

第1章

绪　论

1.1 研究背景

1.1.1 自然环境价值对城市发展的意义

城市的发展有赖于一个健康的自然环境，自然环境能够为城市中生活的人类提供源源不断的资源和服务，这就是人们所熟知的生态系统服务功能（Ecosystem services）[1]。如饮用水、洁净的空气、健康的食物等资源都来源于自然环境。此外，如湿地生态系统、河流生态系统等有着较强的蓄水防洪、水土保持、净化水土等能力，这些服务功能是人类社会不可或缺的天然保护屏障。因此，健康的生态系统是城市可持续发展的基础，同时影响着人类自身的健康和经济活动的繁荣发展。从长远意义来说，维系自然生态系统功能的有效运转，是通过"索取"自然，满足人类自身需求，并保持这种关系平衡的有效甚至唯一的途径。了解自然环境的特征和演替，不仅能够促使城市自身进行积极健康的转变和发展，同时也能够加强人类生活的质量，保护生命的安全，并为人为经济活动创造良好的条件[2]。因此，对于自然环境的本质特征，自然环境与城市基础设施及各类规划策略、政策等之间的关系等的研究就显得尤为重要。

缺乏有效的信息，忽略人为规划、建设对自然环境造成的影响将导致自然生态系统资源和生态服务供给能力的下降，且当突破自然环境维系自身健康的临界点时，人类将彻底失去自然环境的馈赠[3]。从经济发展的角度而言，这意味着"自然资本"的流逝，而对这种情况的修复，必然是极为昂贵且费时费力的巨大工程，甚至存在不可逆转、不可修复的可能性。基于此，自然环境和生态系统需要被纳入城市规划、管理的范畴，并制定出以城市和周围生态系统为整体的相关规划策略及保护政策。只有正确了解、认识自然环境的供给及其价值，设计师、管理者们才能够制定出人类城市与环境可持续协同发展的策略。

1.1.2 环境的恶化对生物多样性保护的影响

目前，全球范围内人口增长率、资源使用率、经济发展、城市化率等都在快速增长[4]。据估计，到2025年世界人口数将达到78亿[5]，而到2030年，人口的城市化率将达到60%[6]。城市化率的增高意味着更多自然空间向城市建设用地的转化，这样的发展直接导致了生物自然栖息环境的减少和改变，同时由于人类对土地的分割行为等所造成的栖息地斑块的破碎化，生物信息流的断裂和丧失，进而引发了生物种类、生物量的减少，甚至灭绝[7]。生态环境的破坏与生物多样性的下降对当前的人地关系发出了严重警告[8]。

生物多样性（Biodiversity or Biological diversity）是不同生命所表现出来的多样化

的特征，亦为所有生命体系的基本特性[9]。在生态学层面，生物多样性主要是指群落、生态系统或景观等在组成、结构、功能和动态等方面表现出的差异性，包括生态系统中物种内部、物种与物种之间的差异。生物多样性是生态稳定、自然生态与人文生态可持续发展的重要组成部分和指标，然而，人口的增长和人类社会的发展已经导致了全球生物多样性的下降。这一现象表明生态可持续性的减弱以及人类社会自身健康与可持续发展已经受到了威胁。根据调查，全球范围内绝大多数的原始生境已经不复存在[10, 11]。从20世纪开始，各国将生态保护的目标逐渐放在了栖息地的恢复与建设上，从通过各类国家公园的建设，保护动物栖息地和特殊的地质环境等，到城市范围内的绿色基础设施建设及绿色生态网络规划等，均是企图对生物生态系统进行完整的保护，并恢复其中的联系[12-15]。

根据 Constanza 等学者的研究结论，他们将生态系统的服务功能分为：供给服务（Provisioning services）、调解服务（Regulating services）、文化服务（Culture services）、支持服务（Habitat or supporting services）[16]。2004年，汇集了全世界各国共1300位不同学科专家研究发现，生物多样性不仅是供给服务的基础来源，同时能够为人类社会提供调解服务和支持服务，这些是维系人类生存和发展的重要保障[17]。如生态系统通过供给服务为人类提供的空气、水资源、生产原料等，供给服务的下降将会增加人类生活和生产的成本，降低人类的生活质量。据统计，在中国人口超过10万的城市中，有60%以上存在水资源短缺的问题[18]；生态系统通过调节功能能够起到净化水体、涵养水分、防治水土流失、防洪等作用，这一功能的下降将导致自然灾害的发生，威胁人类的健康和生命安全。如中国多数大城市周围90%以上的河流受到了严重的污染，这使得城市居民生活用水及生产制造工业用水均无法得到保障[19]；生态系统通过文化服务功能建立起自然与社会、社会与人类或人类自身之间的联系，目前盲目地追求城市扩张和设施建设，使得生态系统的文化服务功能下降，这在很大程度上降低了人类幸福指数和归属感，甚至造成"失根"现象的发生，对社会凝聚力和整体社会安全造成了严重威胁[20, 21]；生态系统通过支持服务为生物提供良好的生存、栖息环境，支持自然界能量、信息的流动、传播和循环，人类对自然环境的过度干预，以及农药化肥等的滥用，化石燃料的燃烧等改变了原有的自然物质循环和能量流动，造成了支持服务的下降，这极大地影响生物多样性，甚至对其造成不可逆转的损害[22]。

从单一物种的多样性到景观格局特征均为生物多样性所包含的内容，对于生物多样性的研究是对一个复杂系统多方面多维度的研究。然而到目前为止，并没有成熟的生态学模型能够预测生态系统服务功能下降程度，亦无法确定出生物多样性损失的阈值。只有对生物多样性所提供的生态服务有了全面的了解，才能够有效地保护生物多样性，并对其损失进行有效的修复和维护[23]。

在城市环境中，尽管人们划分出了不同等级的公园用地，设立了保护区，构建了城市绿地系统等，但由于无法真正从整个生物生存环境整体出发，如某些鸟类的栖息环境可能跨越了人为的县、市、省、国家等的行政划分，但保护区的边界往往受到各方面人为的影响，无法跨越行政划分，形成整体的保护区域，从而对这些物种来说，阻隔了其整体生存生境，同时隔断了与该生物相关的完整食物链[24]。

人口的聚集出现了城市，由于人类对生活资源的不断消耗、生活方式的改变，以及土地的扩张、废弃物的过度排放等过程中对森林系统、湿地系统、农田等造成了负面影响，打破了生态系统原有的平衡，从而对自然环境造成了破坏，引起了生态系统结构、功能及演替过程的改变，进而滋生了诸多城市的问题。这些问题向更大范围扩散后，对大范围内的自然环境形成了威胁，形成恶性循环[25]。当这些破坏或威胁超出了自然生态系统自身能够修复或恢复的阈值时，就形成了不可逆转的人类对自然环境的破坏，如目前所面临的空气污染问题、水体污染、水土流失、土壤环境污染和荒漠化，以及通过直接或间接作用导致的生物多样性下降、生态系统的退化和破坏、生物入侵等，多是由于这样的问题所引发的。尽管各个国家和地区已经出台了多部法律法规对生态系统进行保护，同时修复工作也在世界各地进行，但如果没有触及问题根源，或从生态系统整体的角度出发制定合适的方案，将很难从根本上修复已经被破坏的生态环境。

目前，从生态系统整体的理念出发，有多地进行了生态系统整体性保护的尝试和实践。如在加拿大安大略省提出的"绿带规划"（Greenbelt plan），是以 20600hm^2 的森林生态系统、湿地生态系统、河流生态系统、农田等作为整体进行了规划，以重新建立起系统内部的相互联系，实现低碳足迹和循环经济[26]。此外，还有绿色基础设施等将城市与城市周围绿色空间相联系，形成绿色的生态系统[27]；以及"海绵城市"不仅是对城市内部雨洪管网等进行生态化的处理，在更大范围内是将城市周边的河漫滩、湿地等纳入雨洪管理的体系内，通过其强大的蓄水能力，解决城市的内涝等问题[28, 29]。

健康的生态系统是营造良好的人居环境的基础，生态环境要素能够支撑人类社会的有序发展，增强区域投资环境的竞争力，防止灾害的发生，优化城市化过程[30]。

1.1.3 湿地生态系统现状

湿地生态系统是地球上重要的生态系统，其重要价值已得到了广泛的认可，但该系统的脆弱性和复杂性亦是人类研究的重点和难点[31]。湿地生态系统的特征是在自身长期的演替和进化，以及区域气候、地理环境等的共同作用下中逐渐形成的。由于这些自然条件的差异，从而形成了分布在全球范围内的不同类型的湿地生态系统[32]，这些湿地生态系统通常能够为不同的动植物提供极为丰富的栖息环境，吸引更多的植物群落和动物群体，并形成良性的循环。研究表明，湿地生态系统每年所提供的各类型生态服务价值可达约 7 万亿美元[33]。关于生态系统及生态系统服务功能修复和保护调查显示，对于生态系统的保护和维系就是对生态系统服务功能和生物多样性的保护，这无疑是一项低投入、高回报的投资。通过合理规划、正确修复手段的实施，有效的成本比率为 3 : 75，而内部收益率为 7% ~ 79%[33]。由此可见，健康运行的生态系统是经济发展的动力，更是人类社会绿色就业的源泉。

然而，截至 2014 年，地球上 54% ~ 57% 的湿地已经消失[34]；在亚洲，每年有约 5000km² 的湿地转化耕地、大坝或其他建设用地，此外，还有大面积的湿地由于破碎化、被污染或外来物种入侵而退化[31]。到目前为止，亚洲已经失去了约 45% 的湿地；中国已经失去了 29% 的湿地，仅 2003 ~ 2013 年的十年中，就失去了约 30000km² 的湿地[10]。过度的农业活动和城市建设活动是造成湿地生态系统退化甚至消失的主要原因[35, 36]。据估计，到 2025 年由于工程建设而减少或破坏的生态服务将直接导致食物产量减产 25%，这将增加大范围内饥饿的威胁。同时，还会使 2.7 亿人口遭受自然灾害的侵袭[33]。湿地生态系统在排解温室气体等方面亦能发挥有效的作用，它的减少加快了气候变暖的速度，进而使得地球上更多生态系统脆弱性增加[37, 38]。

湿地生态系统是一个动态的、不断发展变化的系统，是动物、植物、微生物群体和非生物环境相互影响、相互作用的复杂整体，对它的保护和修复亦是庞大且复杂的工程[39]，生态系统内部的相互联系及其对生态系统服务功能、人类社会的影响如图 1-1 所示。

由于湿地生态系统的重要价值被逐渐清晰地认识到，各国政府和众多非营利组织等在生态修复方面投入了大量的人力财力，但却依旧收效甚微[40]。造成生态系统修复失败或效率低下的原因主要有：（1）不切实际的目标的设立或修复过程中总目标的改变；（2）制定的修复策略只针对单一的生态系统服务功能，而并非将多种服务功能作为整体，统一纳入修复规划的范畴；（3）缺少对参考生态系统的全面了解和分析（将在下文中重点讨论）；（4）外来物种的侵袭；（5）缺少有效的监测体系，无法确保修复后生物多样性是否有所增加，生态系统服务功能是否得以恢复及恢复的程度等；（6）无法追溯造成生态系统功能下降或失衡的最初原因和发生生态退化的第一处场地；（7）生态修复工程通常需要前期大量投入，且见效时间较长，各方多数利益相关者大都不愿意等待此类耗时的长远利益，因此无法形成经济、社会、人类真正协同发展。在这种情况下，就需要政府出面，从人类的长远利益出发，集结各方力量和各领域专家学者，制定行之有效的策略，最大限度地对未受损的生态系统进行保护，对已受损的生态系统进行修复，对已实施修复工程后的生态系统进行长期的监测等。在我国，大面积的湿地生态系统退化，受到破坏已是不可扭转的事实，因此对于湿地生态系统的保护与修复更是迫在眉睫[41]。

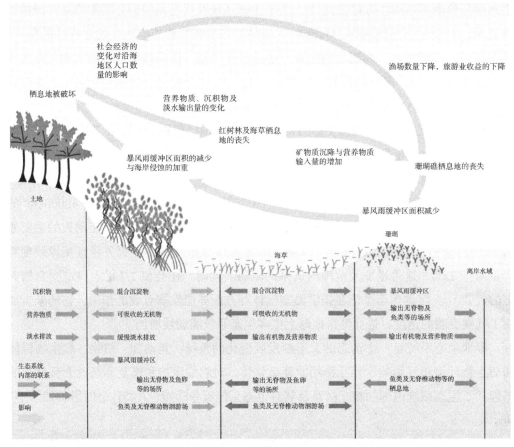

图 1-1 人类活动影响下的生态系统内部联系及其对生态系统服务功能的影响

(图片来源：根据参考文献 [33] 改绘)

1992 年中国成为 Ramsar 公约的缔约国，公约全称为：《关于特别是作为水禽栖息地的国际重要湿地公约》，简称《湿地公约》，该公约主要为各政府之间所协定和遵循的对于湿地资源进行保护和利用的合作框架[32]。截至 2017 年底，已有 169 个国家成为该公约的成员国，共 2293 处湿地被认定为国际重要湿地，总面积达到 2254 万公顷（https://www.ramsar.org）。《湿地公约》中对湿地的定义为：

"天然或人造，长久或暂时的死水或流水、淡水、微咸或咸水沼泽地、泥炭地或水域，包括低潮时水深不超过 6m 的海水区"，此外，公约中还提出"湿地，可包括与湿地毗邻的河岸和海岸地区，以及位于湿地内的岛屿或低潮时水深超过 6m 的海洋水体"[42]。

可见，湿地定义的延伸使得更多的栖息生境类型囊括其中。根据该公约中对全球各类型湿地的分类，一共分为两大类，即：天然湿地和人工湿地，其中天然湿地中包括：

海洋或海岸湿地：如永久性浅海水域、海草层、珊瑚礁、河口水域、滩涂、盐沼、咸水或碱水潟湖、海岸淡水湖、岩石性海岸、沙滩货砺石与卵石滩、潮间带森林湿地、海滨岩溶洞穴水系共 12 类；

内陆湿地：如永久性内陆三角洲、永久性的河流、时令河、湖泊、时令湖、盐湖、时令盐湖、内陆盐沼、时令盐水或碱水盐沼、永久性的淡水草本沼泽及泡沼、泛滥地、草本泥炭地、高山湿地、苔原湿地、灌丛湿地、淡水森林沼泽、森林泥炭地、淡水泉及绿洲、地热湿地、内陆岩溶洞穴水系共 20 类。

人工湿地中共有 10 个类别，分别为水产池塘、水塘、灌溉地、农用泛滥洪地、盐田、蓄水区、采掘区、废水处理场所、运河及排水渠、地下输水系统[42]。

由以上分类可见，湿地生态系统所包括的类别非常广泛，且由于每类湿地类型均与不同类型的"水"相关，因此可以说湿地生态系统在全球的水循环中有着举足轻重的地位。

由于长久以来，人们并不能够充分认识湿地的真正的全面的价值，无节制的商业开发和旅游、土地填埋或开垦、过度捕捞及资源的过度开采、除虫剂及化肥的施用、堤坝的修建等人为活动，侵占了大量的湿地面积，造成了湿地生态系统的退化[43]。综合来说，对于湿地生态系统的威胁主要来自湿地内部和外部。内部的威胁即为对湿地生态系统造成的直接损害和侵蚀，如对湿地进行填埋后用于商业开发或农业种植，或直接向湿地中排放污水、废水等行为；外部的威胁主要是指对湿地生态系统间接的损害，如对动物的大量捕杀造成食物链的断裂，破坏了生态系统整体的平衡，或对湿地生态系统的保护方式不恰当，起到了反作用等。

对于湿地的保护不能局限于待保护的小范围区域，而应该将着眼点放在整个生态系统，如整条流域、整片森林、连续的河漫滩等更大的范围。由于许多湿地是跨越国界的，因此需要多国相互协作[44]，共同制定保护计划。

1.1.4 景观设计师的生态诉求

将设计与生态系统相结合，以生态理念为基础的景观设计一直是景观设计师对设计项目的内在和本质的核心考虑[45]。对于生态环境的保护是前提，但利用却是最终目的。这两者本身并不冲突，但往往由于利用率远远大于保护程度，而超出了生态系统所能承担的最大自净能力、恢复能力等后，最终表现为"被破坏"的状态。在实际设计中，景观设计师在不断尝试怎样通过设计将城市、区域或整个生态系统相联系。从纽约的"中央公园"到各国国家公园的建设实施，实现了以生态和美学特点并存的"公园"来改善和净化城市钢筋混凝土集结的现状，在城市周围亦实现了更大范围内对自然生物或非生物的保护及合理利用[46]；我国的"造园师"以"师法自然"为行业开篇的基本理念，从最初的形式上的模拟到探寻自然本身的特征和功效，亦加入了"生态设计"的行列[47]。逐渐发展起来的"生态设计"不再是少数设计师的前沿探索，而成为景观行业的共同追求，尊重自然，实现生态系统内能源、物质等的可持续发展和自循环、自我维系等已经贯穿在设计的始终。

在生态设计的范畴内，景观设计师尝试最大限度地保护原生自然因素和组成结构等，控制人类对自然环境造成的负面影响，通过微环境的创造和改善，丰富植物群落，营造出良好的动植物栖息环境。其中植物是自然环境的关键组成要素，它的组成和数量直接决定着环境的特征和质量，而动物是自然环境的直接使用者，因此植物和动物能够起到指示生态环境好坏的作用[48-50]。

已有众多学者试图从植物、动物在自然环境中的生长、对生态环境的利用等方面着手，实现了解生态环境、改善或修复生态环境的目标。由于生态系统的复杂性，所涉及的学科领域较多，每一处生态系统的设计和保护通常需要多领域专家学者的合作完成。尽管景观设计师在其中的作用不可或缺，但由于学科的限制，真正起到的作用依然有限，研究和实践情况与其他学科学者相比存在一定差距，其中主要原因有：（1）无法完全掌握并熟练应用所涉及的生态学、地质学等领域的知识；（2）不能够将其他学科的方法措施应用到生态设计中；（3）由于学科特点和局限性等，通常较难获取实地的有效试验数据或一手测量数据；（4）由于缺乏理论和实际的经验，行业内关于生态系统保护规划的标准流程，成熟的方法措施等还没有形成；（5）关于生态设计后的相关数据监测等较为缺乏；（6）对于绿色生态涉及的功效并未纳入有效的评估体系和政绩考核体系等，在景观设计师有限的话语权中，很难推动生态系统的保护工作。由于以上的种种限制，景观设计师通常很难掌握关于生态系统规划或保护工作中的核心领域或环节，没有前期对设计场地的科学化调查分析，设计难以追本溯源，景观手段往往很难真正解决环境中的问题。本书尝试着在数据有限的前提下，运用科学的手段对验证场地的现状进行分析和比对，并将结果运用于规划设计中，实现理论对实践的指导作用。

生态系统自身具有科学价值和美学价值，如何研究其科学价值，使得生态系统能够可持续发展，同时发挥其美学价值，使之于人类社会和谐永续，正是景观设计师在生态环境保护中应该扮演的角色和使命。

1.2 概念解析与理论基础

文中对湿地生态系统进行了调查和分析，并以鸟类为指示物种，探索提高湿地生态系统生物多样性、优化生态价值的方法。研究中所涉及的基本概念主要包括鸟类多样性、鸟类栖息地、科学模型、物种与栖息地关系四类，所涉及的相关学科理论基础主要有人居环境学、鸟类群落生态学、植物群落与生境、恢复生态学、景观生态学五方面。

1.2.1 相关概念解析

1.鸟类多样性

由于鸟类在自然环境中的高识别性，以及鸟类自身对于环境改变的敏感性，鸟类的种类及其分布特征、个体数量等常被作为生物指标，用于对环境评估的相关研究中，鸟类数量的下降通常被认为是由于生态系统内部出现了问题。尽管鸟类并不是构成生态系统动物多样性的唯一物种，然而研究学者常以鸟类的多样性来代替整个生态系统的生物多样性，其原因主要在于鸟类处于食物链的较高端，它们的数量能够代表或指示其他物种的生存状况。如鸟类的多样性与蝴蝶等无脊椎动物密切相关，并且这样的相关性是可以用数据量化表示的[51]，即鸟类的物种丰富度越高，其他类群的物种丰富度也随之增高。此外，研究还证明，鸟类可以作为代表物种，预测所要研究的场地中脊椎动物的数量情况和分布情况[52]。

世界范围内，鸟类的多样性和数量均在下降。鸟类多样性被认为是生态系统层面的生物指标，即鸟类多样性较高的生态系统，其整体的生物多样性亦较高，而生物多样性又是维系生态系统服务功能的先决条件，生物多样性和生态系统服务功能是自然与人类社会之间的直接联系。

2.鸟类栖息生境

生物的生境不仅是其生长的环境和场所，还包括维系动植物个体、群落生存和活动的各类环境因子。对于鸟类来说，由于不同居留型（留鸟、夏候鸟、冬候鸟、迁徙鸟）的鸟类在不同季节所需的栖息环境因子、食物类型等也不相同，在长期的选择进化过程中，鸟类与特定的环境相互作用，通过迁徙等活动，不同群落的鸟类选择出了最适宜本种群在不同季节生存、栖息、繁衍的场所。栖息生境的丧失和破碎化直接导致了物种的灭绝，使得全球生物多样性降低。据IUCN（International Union for Conservation of Nature）红色名录的统计显示，受威胁的鸟类物种正在逐年增加，且增加速率也在变快，说明鸟类栖息环境处于不断恶化的状态[53]。

3.科学模型

模型被认为是科学研究领域的基础，它被广泛地用于解释科学性的理论和实际现象或目标等的相互关系中。科学模型常被解释为：是现实世界中某些现象与系统理论的代表，是科学界用以解释或描述学科内部知识或体系的一种语言。

4.物种与栖息地关系

物种-栖息地模型是上述科学模型的其中一种类型。这种模型最终要研究的是场地中的某一类物种或某一群物种的分类、分布和丰富度等的相关标准。物种-栖息地模型研究或建立的前提条件是对场地中的生物物理学特征等进行详细的调查分析，如植物的类别和植物群落的结构，以及生物生存、栖息或繁殖所需要的生境类型及必要因素、特点等[54, 55]。该模型通常也可用于对土地类别划分或栖息地管理等的规划和决策中。此外，物种 – 栖息地模型更重要的用途是其具有预测性，即通过收集验证场地中关于栖息地环境的生物、非生物指标数据，结合其他推演方法或统计方法等，预测出该场地内某一类或某一群生物的栖息状况及丰富度情况等。

1.2.2 相关学科基础

1. 人居环境学

人居环境是一个有机的复杂整体，是包括了人类系统、自然系统、社会系统、居住体系、支撑系统等相互渗透、相互影响下的庞大体系，更是人类赖以生存、繁衍的安身立命之所。人居环境学正是研究这种人在环境中的生活和生产活动，以及人与生存环境之间所构建的关系的一门学科[56]。人居环境所研究的问题在规模和级别上可以分为：全球、国家、区域、城市、社区和建筑共5个层次，所涉及的方面包括：生态、经济、技术、社会、人文等众多方面[57]。"人居环境"中人类是其中的核心，但对人类生活、生存起支撑作用的方方面面更是无法替代的，尤其在自然资源被大量开发利用，自然环境受到破坏的现阶段，自然系统的健康和可持续发展受阻也成为人类社会发展的桎梏。对自然环境的修复，其中包括生物资源、非生物资源的保护及合理开发，保障动植物资源的栖息环境，促进生物的多样性，从而形成生态系统的健康循环，是对人类自身环境可持续发展的必然要求和基本组成部分。"绿水青山"并不是把绿色生态的自然资源和环境完全保护起来不利用，而是对它们的生存状态和发展规律进行有效和全面的了解分析后，合理地加以利用。自然系统、人类系统的和谐有序，社会系统、居住系统、支撑系统与之相辅相成，互相促进，才能够提高人居环境的质量。

2. 鸟类群落生态学

鸟类是生态系统中具有代表性的物种，它的数量和分布状况等可以作为整个生态系统状况的指示物种，因此，有研究学者通过对鸟类的研究得到生态系统的运行情况。Allee首次提出了动物群落的概念，Lack等学者最先对鸟类群落进行了描述性研究。人类社会的发展和城市化进程的加快，改变了原有鸟类对自然环境和栖息生境的使用情况。鸟类群落生态学中主要的研究方向包括：群落的组成和结构、群落的集团结构、生态位及种间关系、群落与栖息生境的关系[58]、城市化对鸟类群落的影响等方面[59]。随着数学模型的发展和被引入，鸟类群落的相关问题逐渐被量化分析，得到了更有效、更科学化的发展，如种群结构模型、嵌套模型等就是在群落组织结构理论的基础上，运用了数学的研究方法，对鸟类不同类型的群落组成等进行了量化的分析。

其中鸟类群落与栖息地关系的研究一直是关于鸟类群落研究的重点，研究的场地也从最初的自然环境发展到了城市环境，从而加强了人类对鸟类生存影响的认识。通过这一方面的相关研究结论显示，鸟类的多样性与生境的多样性、环境内资源的丰富程度等有着密切的关系，其中分为水平范围的丰富度及垂直方向的丰富度[60]。此外，在对鸟类群落与栖息地关系研究中，明确了人类对鸟类干扰的程度和具体方面，如人类对森林的采伐，在不同的演替阶段，表现出对鸟类丰富度及个体生存的影响可能会有消极和积极完全相反的两种方向。对于鸟类群落多样性的分析，在斑块尺度、生境尺度、景观尺度或更大尺度下，其物种的丰富度和与之相关的影响因子也是有差异的。因此，尺度的界定是在对鸟类群落及生境条件分析时重要的环节和划分。

3. 植物群落与生境

生境是生物赖以生存的生活环境，自然生境中植物是重要的要素之一。植物群落是生态系统中的初级生产者，它不仅为消费者和分解者提供食物来源和能量来源，更能够为它们营造栖息的场所。生态系统的结构、分类及功能在很大程度上取决于植物群落的结构和类别。植物群落在其他生物因素及非生物因素的共同作用下，并且由于自身的自组织能力、自调节能力等，持续不断地维系着所处空间生境和整个自然生态系统的稳定与整合。对于植物群落的研究已经较为成熟，涉及植物群落的分类、结构特征、多样性及相关应用等多方面[61]。

植物群落处于不断的发展和演替过程中，因此所谓的植物群落的"稳定性"是动态的稳定。植物群落的稳定性是维系植物在生态系统中健康生存的标志之一，也是维持生态系统稳定的重要指标。对该稳定性有影响的指标包括：生态系统内的多样性物种、物种间的相互影响关系、由所有生物构成的食物网络结构和层次等生物因素，以及生态系统的水环境、热量条件、能量的获取方式、人为的干扰等非生物因素[62]。通过对这些因素的研究，能够了解植物群落生存环境中的其他因素对它的影响程度，以及如何营造出有利于植物群落生长的生境条件。

与植物群落的稳定性相关的另一个指标是植物群落的多样性，生态学家 Elton 曾提出生物的多样性能够在很大程度上决定其稳定性[63]。植物群落的多样性水平的增强能够促进其生产力水平的提高，进而能够提高自身的改造能力和调节能力，以增强植物群落的稳定性。很多理论和假说的验证已经能够科学、系统地揭示植物群落多样性和稳定性的内在原理及规律，使得生态系统能够达到平衡稳定的状态。植物的多样性通常可用植物物种的丰富度、多样性、均匀度等指数表达。植物所营造的生境的多样性是生态系统丰富度和健康程度的表征。健康的自然生态系统是人类居住环境的重要支撑和保障，而人类的活动决定了区域内植被的结构、组织形式和空间特征，能够直接影响其中动物的栖息条件。

4. 恢复生态学

工业化大生产后，人类与自然的平衡关系被打破，生态系统大面积遭到破坏，生态恢复迫在眉睫。恢复生态学正是在此种境况中发展起来的学科，它是研究对那些已经退化、受损或遭到毁坏的生态系统如何进行恢复或重建，包括在恢复过程中的标准、手段、方法等多个方面。在恢复生态学中，将生物之间的竞争、互利共生、干扰等相互作用也考虑其中，同时也将演替过程、生态系统功能、生态型、遗传等生态效应纳入了学科研究的内容中。与景观生态学相似的是，恢复生态学亦是结合了环境科学、植物学、水文学、社会学、工程学等多学科的研究，同时这也是一门理论结合实践的科学。在恢复生态学中，"重建""修复""改良"等为"恢复"的外延，也是具体实践中需要结合使用的手段。其中，"恢复"是再现生态系统被破坏前的结构或功能原貌等；"重建"是指在完全不可能恢复原本生态系统的特征的情况下，建造一个有别于从前的新的生态系统；"修复"是指整个生态系统中有部分受损的情况下，对受损部分进行结构的调整和优化，以改善或加强这一部分的过程；"改良"主要是在现有的基础上，对生态系统的离地条件进行相应的改善，以促进生物的生长，优化生物的生存条件等[64, 65]。

就恢复生态学的实践方面而言，其实质是在对生态系统的受损整体或局部调研、分析、评估后，根据生态学的原理，遵循生物自身的发展变化规律，对系统的组织结构、功能特点、多样性特征等进行恢复的过程[66]。这一过程一方面依赖于生态系统自身的恢复能力，形成生态系统的"主动恢复"；另一方面则需要人为介入，通过一定的生物、物理、化学、生态等工程技术手段，对导致生态系统退化或受损的因子进行隔离、切断或改变，并对内调整、优化系统内部组成成分的结构和流通，对外使各成分、各部分及生态系统整体能够与外界形成通畅的物质、能量、信息和价值的流动，同时该流动过程符合其在空间尺度和时间尺度上的次序关系及层次关系，最终使受损的生态系统在结构、功能等方面恢复到原有水平或更高于原有水平，这一过程被称为生态系统的"被动恢复"。这一恢复过程是人为的、有目的性的改建过程，它强调了人类在对生态系统进行恢复过程中的有效作用[67]。同时可以看出，即使是对于生态系统的部分进行恢复，也不是简单地对单一物种或单一群落等的修复，而是将其放入整个生态系统内通盘考虑，使原本受损的物种或部分能够在系统的结构、功能等方面得以恢复，并能够与其他未受损部分重新建立联系。这是一个系统化、全面且历时通常较长的过程。由于尊重自然是任何设计的先决条件，因此对于生态系统的恢复亦以原有的状态为依据，尽量使用自然的主动恢复特性，当生态系统受到损害且结果不可逆时，就需要人工手段的介入。现如今，多数生态系统的受损程度都已超出了仅靠自然的自主恢复能力就能够修复的范围，因此人为手段是必不可少的。

5. 景观生态学

景观生态学被认为是德国地植物学家特罗尔（C. Troll）创立的，他把景观定义为将地圈、生物圈和智慧圈的人类建筑和制造物综合在一起的，供人类生存的总体空间和可见实体（Naveh and Lieberman，1994）[68]。景观生态学的实质是综合了地理学、植物学、动物学、资源管理学、规划设计学等多个学科的自然科学，也正是由于这些学科的发展和多学科的相互交流，共同奠定了景观生态学的框架和基础。正如 1998 年在国际景观生态学大会中对景观生态学的定义："它是对于不同尺度上景观空间变化的研究，它包括景观异质性的生物、地理和社会的因素，它是一门连接自然科学和相关人类科学的交叉学科。"与生态学相比，景观生态学更强调研究主体在空间上的异质性，以及其等级结构和时间、空间尺度等在景观格局形成过程中的相互作用等。如通过对景观结构的研究，可以了解景观组成的基本单元的类型、结合形式和空间关系，进而掌握景观的丰富度、空间格局以及能量、物质的分布特点等；对于景观功能的研究可以了解景观单元之间的相互作用，进而掌握能量、物质、信息、生物有机体等在景观中的运动路径和过程；通过对景观动态的研究，可以了解景观要素、组合方式等在时间尺度上的变化发展，这包括形状的变化、多样性的变化等多方面，并与其他辅助手段相结合，就能够模拟出生态系统中物质流、能量流、信息流和价值流的动态变化，为景观的优化提供依据与参考[69]。

景观生态学是将设计学科科学化的一种学科，同时也为景观规划等分支学科注入了新的活力。景观生态学的诞生标志着景观设计师将设计视角重新放回到大自然中。它不仅是形式上对自然生物的模仿设计，更是通过设计使得人和自然和谐相处，找到其中保护自然、合理利用自然的方式。如在对土地的开发利用中，通过研究原始场地的自然特点及生长在其中的自然资源的发展规律等，制定有节制的、合理的开发建设方案；通过规划设计限制人类的活动，以缓解自然生态系统承载的过多压力，甚至可以对生态系统进行补偿设计；通过对发展演替过程中出现劣势的生态系统进行景观结构的调整、生态功能的完善等，优化原有的组成形式，或适当地引入新的组成成分，完善或强化原本的食物链。景观生态学自身综合了多学科的性质，使其能够在自然保护领域、恢复生态学领域、生态规划与管理领域、污染防治等领域发挥重要的作用。

1.2.3 景观生态修复的理论基础

本研究中所涉及的关于景观生态修复的理论支撑主要包括尺度与空间的划分、岛屿生物地理平衡理论、空间异质性理论、景观连接度与渗透理论、斑块 – 廊道 – 基质理论五方面。

1. 尺度与空间

尺度和空间是景观学及生态学中对具体研究主体在横向空间和纵向时间上的度量及划分，尺度和空间的多样性是导致景观格局及其生态过程存在差异和多样化的关键因素。在对景观的尺度和空间的研究中，一般包括范围和分辨率两个需要界定和研究的方面，其中范围是景观主体在空间或事件上连续形成的总体，分辨率是在研究景观主体的时间或空间上的分布特征及其他相关特征时所需要划分出的最小单位[70]。在关于景观或景观生态相关的研究中，通常根据研究主体尺度和空间上的差异，有以下几种分类标准：

（1）空间尺度（Spatial scale）：在这一尺度下景观主体的范围即为其空间的规模，

而能够对景观主体清晰辨识的最小空间单位为其分辨率，通常是以面积相关单位表示。对于景观主体来说，其整体的空间尺度是在长期演替和进化过程中，由景观主体各部分的功能、空间变化等相互作用形成的，且处于不断的发展变化中[71]。如流域生态系统中，整个流域集水区所涉及的全部范围为该生态系统在空间上的总体尺度，而每处具有不同水文条件的最小单位即为研究的生态学单位。

（2）时间尺度（Temporal scale）：从生物个体到整体生态系统随着时间一直处于发展变化中，研究某一现象持续变化过程所需要的所有时间，或在研究这一过程中所划分出的每段时间间隔即为该研究对象在时间上的尺度。由于研究对象的变化在不同的发展时间段内，产生的生态学效应和最终的表象可能各不相同，因此在对研究主体的某一变化或现存现象进行研究时，需要将其放在变化发生的相应的时间段内[71]。如不同的地理条件及其他自然环境条件、人为干扰条件等对湿地生态系统的演替最终产生不同的影响作用，从而产生的生态效应亦不相同，最终的外在表现可能也会相异。

（3）组织尺度（Organizational scale）：生态系统是由不同的景观要素组成的，以生态学层次组织的研究范围和空间分辨率为研究主体的组织尺度[71]。如物种个体、种群、群落、生态系统、景观等形成的自下而上的整体结构，然而每个层级有各自不同的变化过程和结构特征，并对应着不同的空间尺度，同时它们在对应的时间尺度上的变化亦各不相同。

景观的尺度是研究生态系统的功能、结构及动态变化在时间和空间上的标准。对于景观设计师来说，不同尺度下的研究和设计的标准及具体工作也不相同。尺度的价值还在于，当某一尺度下的信息和特征已知时，可以以此为依据，结合相关知识与经验，推演出更大尺度或更小尺度下的特征。

2. 岛屿生物地理平衡理论（Island biogeographic theory）

岛屿生物地理平衡理论是 MacArthur 和 Wilson（1967）在研究了海洋岛屿的生物多样性后总结得出的。在这一理论研究中，动物的栖息环境被视为是由无数大小相异、形状不同且相互之间存在不同程度的隔离距离的岛屿所组成的。岛屿生物地理平衡理论的核心是新物种迁入率和原始物种灭绝率的动态变化决定了岛屿上物种的丰富度，当迁入率与灭绝率相等时，物种的组成依然在不断的变化和更新过程中，但物种数目达到相对稳定的状态，此时岛屿内的物种数达到了动态的平衡状态。该理论结合使用了地理学中解释当地物种的灭绝与分布之间的平衡关系的众多理论研究，描述了栖息环境的面积与相互联系程度之间的关系，即面积越大，且与外界联系越紧密的岛屿能够容纳越多的生物种群类型，种群的数量也越大。而当岛屿面积一定时，其内部的生态位亦是固定的，若在岛屿内定居的生物数量越多，则留给外来生物迁入的几率就越小，反之亦然。这种动态状态下的种类更新速率在数值上等于当时的迁入率或灭绝率，被称为种周转率。Macarchur 和 Wilson 在对岛屿生物地理平衡理论进行量化阐述时，将岛屿面积与其中的物种丰富度的关系表达为：

$$S = CA^Z$$

式中，S 表示物种丰富度；C 表示与单位面积平均物种数有关的常数；A 表示岛屿面积；Z 为一个待定参数，它与岛屿的地理位置、隔离程度和邻域状况相关[72]。

岛屿生物地理平衡理论的重要意义在于，它以动态的视角，促进了人们对生物物种多样性的地理分布与格局之间关系的理解，同时将生物数量特征与其生境的空间特征综合考量，并奠定了生态学中众多概念及相应理论的基础。此外，在生物保护的自然保护区设计中，该理论常作为基础，指导规划设计策略的制定。同时，岛屿生物地理平衡理论通过与其他景观或/和生态相关理论的结合，在一定程度上拓宽了景观规划设计中所应用的理论基础的范围，为实际规划设计提供了依据，如由于海洋岛屿与景观斑块之间存在空间格局描述上的相似性，岛屿生物地理平衡理论启发了景观生态学家对生态空间和格局的关注与研究。

然而，岛屿生物地理平衡理论自身亦存在一定的局限性。该理论在进行物种种群丰富度与岛屿环境特征之间关系的描述中，并未考虑其他重要的生态学行为，如生物的种间竞争、捕食、互惠共生及生态学的演替、进化等过程，同时在该理论中，物种数量是衡量生物学特征的唯一变量，物种内部个体的大小差异和数量差别并未被考虑入内，因此缺乏了对环境异质性的具体度量。此外，岛屿生物地理平衡理论中还存在一个难以成立的假设，即物种的种群不会遭到灭绝，然而实践证明，不论保护区尺度范围多大，或生物生存岛屿之间的联系多紧密，由于生存环境的改变及各种自然灾害、人为干扰等，极有可能导致生物物种的灭绝[73]。

3. 空间异质性理论（Heterogeneous theory）

在景观生态学中"异质性"主要是指生态学过程和生态格局在空间分布上的不均匀性和复杂性。对生物来说，生境的异质性促成了不同生物种类根据自身发展、生长及长期的进化过程中对不同栖息地环境的选择，是最终形成生物多样性的基础。研究表明，生物栖息地的异质性特征能够更准确地描述或预测生物的多样性[74]。在景观生态学中，空间异质性的意义主要有以下几方面：

（1）是关于景观尺度下景观的组成要素与空间组成结构的异质性与复杂性，这种异质的特征直接使得栖息地环境因素的种类组成、结构以及栖息地整体的功能、动态变化等异质性的发生。由于许多学者认为景观生态学就是对景观异质性的产生、变化、维持和调控等进行的研究和实践检验，因此，可以说景观异质性的相关概念、理论等共同构成了景观生态学。

（2）是关于景观结构、功能及动态过程的重要影响因素。由于景观的异质性对整体生态系统的生产能力、承载能力、抗干扰能力、自恢复能力等起到了决定性的作用，因此可以说景观的异质性决定了生态系统结构、功能和动态的演化，进而决定了系统内生物的多样性。

（3）景观异质性的发生主要是由于环境资源的类别、数量等的不同，环境要素相异的演替过程及人类不同层面、不同程度的干扰和影响。以此为基础形成的景观自组织能力和水平等能够指导人类进行景观生态的规划和建设，同时能够为生态系统的恢复和保护提供原生动力。此外，结合能量来源，如太阳热能、风能、水能、动能等，形成能量梯度，最终服务于人类社会生产生活[75]。

4. 景观连接度与渗透理论（Landscape connectivity and penetration theory）

景观生态的连接度最早是由 Merriam 提出的，是一定区域内景观的结构与物种特性等对种群运动的综合作用[76]。景观的连接度主要包括结构连接度和功能连接度两个方面，它是对景观的基本空间结构单元相互连接表述和关系的度量。结构连接度是景观及景观要素在空间结构特征上的连接性，主要是由景观要素在空间尺度上分布特征和相关关系所控制的。功能连接度是指从景观要素的生态过程和功能关系特征及指标反映的景观连接度。随着图形学的发展，景观的连接度通常可以用拓扑图来表示，如对某一生态系统中食物链和食物网的分析描述。景观连接度是依赖于景观的空间尺度产生的，即在不同的空间尺度下，由于组成单位、功能效应、结构特征、动态变化等不同，导致了景观连接度发生了变化。景观的结构形成了不同的生态效应，从而产生了相应的功能，而功能反过来也能够影响结构的改变，因此，景观的结构连接度和功能连接度是相互影响、同时存在的。

渗透理论原本是研究流体在介质中运动及扩散的理论，核心观点是当媒介的密度达到某一临界阈值时，渗透物能够从媒介的一端到达另一端，如种群动态变化和动物的运动与传播等形成的物种群落的镶嵌、水土的流失过程等都可以用渗透理论来解释说明[76]。由此可见，临界阈值是研究中的关键，它既可以是促进两种景观群落相互渗透的临界，也可以是导致景观斑块破碎化的阻力临界值。如对于物种丰富度的保护来说，需要增加斑块内物种结构的复杂度和相互渗透程度，以提高斑块整体的抗干扰能力；而对于水土流失、物种入侵等过程来说，则需要尽可能降低物种之间、物种群落之间或斑块之间等的连接性和渗透程度，以将这些威胁和破坏控制在一定范围内，将损失降到最低程度。景观的连接度与渗透度通常与景观格局、景观功能等相结合，共同进行研究。

5. 斑块—廊道—基质理论（Patch-corridor-matrix）

景观生态学中认为，景观由大小、形状、属性不一的景观单元在空间上的分布与组合形成了景观的空间格局[77]，而斑块—廊道—基质是景观生态学中度量景观格局的一种基础模型，它存在于空间的不同尺度下。斑块是构成景观格局的基本单位，是一种非线性的、异于周边其他区域的景观存在实体；廊道是连接各斑块的线性景观，有时也被认为是线性的斑块；基质是整个景观中面积最大的、连接性最高的斑块[78]。斑块、廊道、基质将景观的空间构成简洁化、形象化，从宏观尺度到微观尺度上，景观生态中关于空间尺度上的问题，大多可以纳入斑块、廊道、基质的范畴内进行研究。

1.3 研究目的与意义

1.3.1 研究目的

本研究选择位于天津地区的 4 处湿地为研究的场地，以出现在验证场地中的鸟类为主要指示性的生物类群，以生态学、动物学、景观规划学等学科的相关方法为依据和指导，通过田野调查对鸟类种类、分布及丰富度情况等进行了统计分析，并对场地中的生境条件进行了分析和归类，将鸟类相关研究情况落实到各类生境中。同时分析了生境尺度下，各类环境因子对鸟类分布的影响，以及鸟类在不同环境下的基本行为特征等，最后得到鸟类与生境之间的关系。从而探索出针对验证场地具体问题的修复策略，使修复湿地能够为多数鸟类提供适宜的生境条件。同时进一步探讨研究了研究结果在不同尺度下可能的应用策略及方案。

在栖息地尺度下的生态修复策略中，根据鸟类对环境具体的使用方式，结合现状生境条件，将鸟类生境进行三级划分，尽可能地营造出适合多数鸟类生存的小生境。在进行具体规划设计时，主要将鸟类划分为在水域环境中或近水域环境中生活的鸟类，以及在林灌木中生活的鸟类，结合其居留型特点，使得生境在不同的季节均能发挥其重要作用。在提出具体规划设计方案时，将主要从水文条件、地形地貌改造、植物群落构建等方面进行。适当地加入人工手段，能够在吸引鸟类、维系鸟类生存的环境及提供食物供给等方面发挥巨大的作用，但同时需要注意人为过度介入可能引起的干扰或物种入侵等问题。图 1-2 显示了本研究中理论概念与所提出策略之间的相互关系。

1.3.2 研究意义

本研究以鸟类丰富度与栖息环境的关系为出发点，以生境的修复和营造为落脚点，通过对环境状况的量化分析，得到影响鸟类丰富度的关键因子，并分析出研究区域内较为重要且丰富度较高的生境斑块类型，为不同修复条件下的具体实施策略提供依据，以提高修复区域内的生物多样性，并可间接提高生态系统的服务功能。

鸟类丰富度为整个生态系统中生物多样性的指标，因此了解城市周边湿地生态系统中鸟类生境利用情况和需求，能够提出更好地修复和营造适宜的栖息环境的规划设计策略，来保证以鸟类为代表的生物长期的健康生存需求，同时使得周围城市能够真正从修复后的生态系统中获益。此外，通过本研究，希望能够为景观设计师提供将生态学相关方法和生态规划设计内容相结合的方法借鉴，并为修复规划设计工作提供科学的依据。就更大范围而言，能够为全球生态系统的景观化修复及生物多样性的提升等贡献出一点微薄之力。

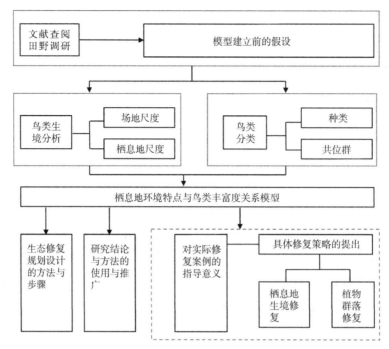

图 1-2　理论概念与修复策略关系的研究框架

1.4　研究主要内容、创新点及技术路线

1.4.1　研究内容

本研究中主要是通过对场地的调研，在充分了解现状环境因素及其质量的前提下，以鸟类为生态系统的指示物种，建立起栖息环境与物种之间的关系，其中涉及的主要内容包括以下几方面：

1. 研究区域内鸟类群落的组成

通过田野调查对研究中所涉及的 4 处湿地内出现的所有鸟类进行统计，并根据鸟类觅食方式、居留型等标准进行分类。同时，结合文献记录和鸟类相关记录，对每种鸟类适宜的生存、繁殖环境等进行分析。

2. 影响鸟类丰富度的环境因子

研究中将选择两种指标以表示鸟类的丰富度。选择对鸟类的生存等具有重要影响的环境因子，从而对不同生境斑块进行分析和评价。建立环境因子与两种丰富度之间的关系，并通过定量统计和定性分析统计出鸟类在不同场地内各类型斑块中的个体数量关系等。

3. 研究湿地内鸟类生境及分布特点

根据调查的实际情况及相关地图学内容，进行生境制图。此外，根据鸟类对生境微环境的依赖和喜好，对环境进行三级分类并总结出相关物种的适宜生境，为生态系统的具体修复时间提供重要依据。

4.鸟类生境的营造、规划及后期管理方法

通过相关分类标准，选择每一类鸟种中的代表性物种或特殊物种，以这些鸟类适宜的生境为规划设计依据，提出具有可操作性且能够解决具体实际问题的设计规划方案。此外，由于生态系统的修复规划设计具有科学性、综合性等特点，因此提出了在规划设计进行中和施工完成后需要进行监测的相关内容。同时，通过分析发达国家在生态系统相关规划设计中的实践经验，提出后期管理、维护等方面的内容，以及公众参与的方式方法等。

1.4.2 研究创新点

本研究从生态学的相关研究出发，最终结论落脚于景观设计方案，同时将研究结果的可能应用进行了拓展，因此是景观生态学与具体景观设计规划相结合的一次尝试，是利用设计与规划的手段解决实际的生态类问题的过程。在研究中，主要的创新点有以下几方面：

（1）对所有鸟类进行调查统计和分析后，根据其觅食方式对其进行了"共位群"的划分。由于文中"共位群"鸟类是具有相同的捕食方式且选择了相同或相似生境类型的鸟类，因此以"共位群"为划分标准能够直接体现鸟类对不同微栖息生境的使用情况。且觅食为留鸟、候鸟及迁徙鸟在研究场地中共有的活动方式，同时不同栖息生境中隐藏着鸟类的食物信息，如植物种子、叶、芽、昆虫、软体动物、小型哺乳类动物等。因此以其觅食方式为划分标准能够覆盖所有鸟种，且能够体现出相同共位群鸟类对于小生境的偏好，便于以"聚类"的思想提出相应的小生境尺度下鸟类生境的修复与营造策略。

（2）研究中采用了国外对于生态系统修复时应用到的"参考场地"的概念，但并未完全按照其使用方法生搬硬套，而是根据中国湿地生态系统退化情况较为严重、人为干扰程度较大的现状特点，对原本的"参考场地"使用方法进行了调整和延伸。即将参考场地和验证场地进行了鸟类丰富度、环境因子质量等多方面的对比，以"取长补短"为策略和原则，分析出验证场地/待修复场地中某些生境内鸟类多样性较低的原因，为后文中修复方案的提出奠定数据基础。该方法的使用弥补了国内在对湿地生态系统进行修复时，难以找到事实依据和参考的缺陷。

（3）本研究在对鸟类适宜栖息生境进行探讨时，进行了生境的三级划分，即：生态系统尺度、斑块尺度及小生境尺度。由于不同类群的鸟类对空间使用的横向及纵向范围有所差异（如猛禽类与鸣禽类的活动范围差别较大），该划分方式能够从不同空间尺度对鸟类栖息环境的使用情况进行分类分析，更重要的是能够掌握有些鸟类对生存栖息环境的特殊要求，进而为修复及规划设计方案策略的提出提供依据，最终使得设计能够真正为以鸟类为代表的"使用者"使用。

1.4.3 研究框架

研究框架如图 1-3 所示。

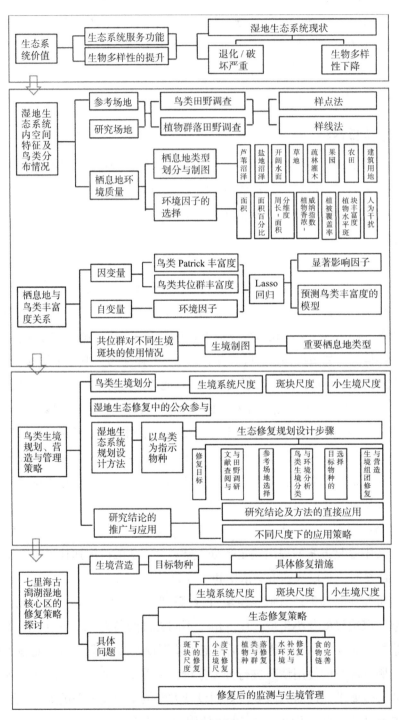

图 1-3 研究框架

1.5　小结

本章主要通过自然环境的价值及其与生物多样性的关系，湿地生态系统在全球范围和中国的现状出发，阐述了选题的背景。在生物多样性下降、生态系统遭到愈发严重的破坏和退化的情况下，景观设计师作为"研究－实践"相结合工作的主体，具有自身的优势和劣势。本研究是针对湿地生态系统所进行的修复策略的探索，旨在提高整个系统的生物多样性，改善生境质量，使得生态系统能够健康运行发展。湿地景观生态修复工作具有跨学科的特点，所涉及的基础概念和理论包括了人居环境、动植物学科、景观生态及科学建模等方面的相关概念和理论。本研究正是以景观规划的视角，结合生态学等领域的专业知识，提出相应的鸟类生境营造与修复策略。

第2章

国内外相关研究概述

2.1 鸟类与生境关系的相关研究

2.1.1 鸟类群落生态学的研究动态

Lack 在对鸟类群落进行定性的描述和研究时，强调竞争在鸟类群落的结构形成的进化中所起到的重要作用，并奠定了鸟类群落生态学的发展基础。此后关于这一领域的研究，多集中在鸟类群落的组成结构、动态变化、群落进化与演替、群落与栖息环境的关系等方面[60]。

其中群落的组成主要包括空间格局的研究，如对鸟类群落中的物种组成、生物量、丰富度、均匀度、多样性和形似性等。群落的组成变化是分析鸟类整体的进化和演替过程的基础，同时也能够对自然界生物群落的变化情况进行大致的了解。此外，对于鸟类群落结构和组成的影响因素，如种间竞争、捕食、互利互惠关系，栖息空间环境的异质性，非生物因素、生物入侵等分别进行了研究和讨论[79]。对于鸟类群落与栖息环境的表述，最早是于 20 世纪 60 年代在德国、英国、美国及日本等国家和地区进行，这些国家的学者根据调研对动物及植物的名录、种类、特点等记录在空间分布图中，以此分析和统计研究区域的生物多样性情况。此外，社会环境因素、人为活动等作为主要影响因素，也被纳入到对鸟类和其他生物多样性的研究中，如人口密度、区域内人口的经济文化生活等对鸟类的分布和影响，以及在人类日常活动对生物所产生的影响下，不同种类的鸟类所保持的安全距离和警惕范围等。可以看出，在这一时期，对于动物多样性及其与环境产生的相互影响中，多是以鸟类为目标物种，此外还有关于小型哺乳动物、无脊椎动物、水生动物等的相关研究。城市的形成及城市群的聚集，使得以鸟类为代表的多种生物经历了先上升后下降的趋势[30, 80-82]，说明城市化过程并非对生物产生的是消极的线性影响，相反在初始阶段，能够在一定程度上促进生物多样性的形成，但是当城市化进程发展壮大到一定的程度，这种促进作用逐渐消失，取而代之的是一种此消彼长的状态，即在此之后，城市化对生物的生存和生活环境开始产生消极影响[17, 83]。且就鸟类而言，城市的环境对于候鸟、迁徙鸟、繁殖鸟等的影响和发展过程并不同步，对于依赖于不同食物源的鸟类更不相同。

随着城市范围的进一步扩大，更多的城郊、乡村环境等作为城市环境的绿色屏障，也开始受到关注。而分布在这些范围内的自然环境更是由原来的"任其发展"改变为科学规划的阶段。由于研究范围的进一步扩大，对于鸟类栖息环境特点研究也扩展到了更大的生态系统中，研究尺度更是从原来的场地扩展到更大的区域。且伴随着景观生态学的应运而生，以及关于生态恢复相关技术的成熟，使得对于鸟类群落及其他生物群落多样性和生境状态的研究一方面向更加微观和细致的方向发展，如在斑块尺度下的生态多样性；另一方面向更加宏观和大尺度的方向发展，如跨越国界线的生物多样性保护，甚至全球生态系统中生物多样性的保护等方面。各国政府亦出台了相关政策，对本国的生物多样性进行了法律层面的保障。同时各国的交流合作进一步加强，使得生态系统的保护、生物多样性的保护真正做到了生态系统的整体性。国际相关组织和全球协定等的出现，使得这一问题在国际层面得到了开展和更好的发展壮大。

中国学者对于鸟类生态相关的认识和研究始于 20 世纪 30 年代，以对鸟类个体的生物学特征等开始。40 年代，郑作新等学者对鸟类种类组成和季节动态研究是我国科学研究领域首次关于鸟类群体及其生态特征等进行的调查研究。此后，在对麻雀食性的研究中，郑作新等从种群生态学的角度入手，将"量化"的思想和方法引入了对鸟类的相关研究中 [84]。之后的研究迅速从对鸟类个体的研究发展到对鸟类种群、群落等的研究，同时对鸟类不同物种的食性、生态分布、种群动态、食性、生态学行为等进行了研究，研究方法亦以定量的数据分析为主。80 年代以后，随着计算机技术、3S（GIS、GPS 和 RS）技术的发展成熟，以及分子生物学的引入，使得对于鸟类、鸟类群落及相关生态学的研究水平迅速提高，研究领域也不断扩展。《鸟类分类及生态学》《鸟类生态学》《鸟类学》《中国珍稀濒危野生鸡类》等著作的相继问世，极大地推动了研究领域对于鸟类的相关研究。同时代，钱国桢先生提出了"鸟类群落"的概念，并随着"中国鸟类学会"的成立，学者逐渐将研究视角放入对鸟类群落的研究中，并在此期间积累了大量关于鸟类群落组成、多样性和均匀度分析、群落变化与环境因素变化等研究和经验。

对于鸟类群落生态学的研究，在关于鸟类群落的基本组成与结构特点、鸟类群落间或鸟种间的关系、鸟类群落生态位的特点与使用、鸟类群落与栖息环境的关系、鸟类群落动态发展和演替过程、城市化对鸟类群落的影响等方面均有了长足的发展，不同的研究领域所研究的具体方向有所侧重。虽然已经取得了丰硕的成果，但由于我国国土面积大，出现的生态系统类型繁多，因此对于鸟类群落的研究，以及鸟类群落在自然生态系统环境中的生存等方面的研究依然存在很多难点和盲点，还需要不断的努力和创新。

随着风景园林设计的发展，人们已经不满足于对静态自然景观的美的欣赏，而将更多的关注点放在了动态的动物中来，其中对于"观鸟"的热情更是延续到了包括城市公园、郊野公园、自然保护区、湿地生态系统、森林生态系统在内的自然环境中 [85]。因此，对于鸟类的保护也逐渐被景观设计师所关注。对于生态系统的保护、恢复和再利用也被纳入了景观设计师的工作范畴，通过适当的景观规划设计手法，统筹分析生态系统中各环境因子和生物多样性等的特征，将景观美学特质与生态学特质相结合，同时融入了以鸟类为代表的生物动态，共同营造了保护与循环利用的健康设计理念与规划体系。

2.1.2 物种－栖息地模型的研究动态

"模型"一次最早来源于拉丁语，意为模式或度量，它是对真实世界一部分的程式化反应或代表[86]。在对于物种与栖息地关系的研究中，模型的建立主要有几方面的目的：（1）就某一物种或某种生态系统的现有认识进行规范化的描述；（2）了解对某物种的分布状况和丰富度等起关键影响作用的环境因子；（3）预测某物种将来可能的分布情况和丰富度情况；（4）发掘在对物种与栖息地关系中目前存在的弱点，并探讨如何加强；（5）用相关数据对研究的物种或生态系统等形成可被测验的假设。需要指出的是，在某一个模型中，并非上述所有的目标都必须达到。

在众多模型中选择合适的模型进行研究问题或假设的分析时，首先需要考虑的是该模型所应用的尺度，以及所使用数据相关的空间分辨率、生物组织形式与层级划分等。此外，还需要明确研究问题的重点方向和研究区域的重要范围，建立模型想要解决的主要问题和目标等。在条件允许的状态下，模型的选择还应该考虑其实用性及是否与其他问题有可通融性等。

国外相关文献中关于物种与栖息地关系的研究，所使用的模型多有以下几种类型：

1. 大尺度下的物种－栖息地研究模型

在大尺度下（如流域尺度、区域尺度等）的模型通常是专家意见、文献综述及实地调研数据的结合体。此类模型中有些是可随时查阅的简单图标，或者是由关键因素或限定因素所建立的几何模型，或者是以方程化的分析为基础的评估策略等。这些模型还可能基于当地植物结构及用地情况等，预测出所要研究的生物现状分布等情况。其中应用最广泛的三类模型分别为：栖息地适宜性指标（HSI：Habitat Suitability Index）、栖息地功效模型（HE：Habitat Effectiveness）及栖息地评估法（HEP：Habitat Evaluation Procedures）[86]。

栖息地适宜性指标是由美国内务部鱼类与野生动物署（USDI Fish and Wildlife Service）及其他资源管理机构联合发起的，多名专家参与的关于不同物种最适宜栖息地的研究。到目前为止，已发布有关于100多类美国本土动物的最优生境条件（网址http://www.nwrc.usgs.gov/wdb/pub/hsi/hsiintro.htm）。该指标的确定是相关专业人员在对某物种的生长条件和对其生活习性进行了长期的实地调研的基础上，筛选出对其影响最主要的环境因子，并进行定量分析而得到。栖息地适宜性指标的强项为通过提出预测并证明预测来揭示物种与栖息地的关系。值得说明的是，这一指标体系经常被误用于小尺度的环境中，从而造成了准确性较低至无效的评价[86, 87]。

与栖息地适宜性指标相似，栖息地功效模型也是通过对重要因子的评定从而确定对某类物种而言最有效的栖息地环境。在所选择的因子中除了考虑现状环境因子，还会将栖息地环境类型及其演替程度、管理方式等纳入评价的体系中[88]。栖息地适宜性指标与栖息地功效模型同时存在较难解决的问题，即其评价结果较难直观地描述环境质量的优劣。

栖息地评估法是在物种的层面中对环境状况进行评估，该方法是在栖息地适宜性指标的基础上对单位面积的栖息地状况分别进行评价，同时需要更多关于每一项所选取的环境因子的具体数值，并包括质量和数量两方面的测算[89]。栖息地评估法通常被用于评估待实施的项目可能对某物种生存的环境或该物种生存所涉及的某种关系，所产生的可能的影响作用。

2. 基于地理信息系统的模型

在地理信息系统（GIS）下运行的模型可用于对景观格局进行描述，对相关的景观指数进行分析，同时可对景观尺度下或斑块尺度下研究个体自身的移动或变化等进行模拟。由于地理信息系统的强大功能，它可以对多领域进行研究，并将结果进行整合分析，综合评估。如 Carl Steinitz 所完成的关于亚利桑那州及索诺拉省境内的圣佩德罗河上游流域生物多样性恢复的工程实践，正是基于美国政府机构所提供的庞大基础数据库，对研究区域中选取的濒临灭绝的几种物种的现存状况进行分析，并对整个环境中的水文条件、植被分布情况与动态变化，管理条件和现状以及景观视觉效果等方面，利用 GIS 进行了量化的分析，提出了在限制规划、正常规划和促进规划三种方式下未来该区域发展的预景，并从中分析出在该区域保持生物多样性的同时保障其发展的规划方案[90]。Reynolds 等学者将生态系统管理与发展模型（Ecosystem Management Development System）应用于 GIS 环境中，通过运用模糊逻辑运算，对整个水域的现状条件进行了分析评估[91]。GIS 相关模型通常是在其他模型和算法相结合的情况下，利用计算机技术解决复杂的数学运算，从而对研究主题进行综合性或叠加的分析和评估。

3. 专家经验模型

此类模型通常依赖于专家的经验进行判断和打分，在一定程度上缺乏客观数据及量化分析的支持。这种模型的建立需要完整的专家团队，模型中所要选择的状态变量和变量间的关系等需要专家的判断来决定，并且还需要第三方"工程师"等角色对团队的专家进行评判和选择，或对通过"专家知识 / 经验"所获取的结果套入合适的公式、功能或计算机编码中，进行再验证[92]。专家经验模型在有效性和准确性方面有一定的限制，因此需要谨慎使用。

除以上三类模型外，常见模型还包括以景观生态学为依托的景观格局相关模型，描述植物或生态系统演替过程的模型，以及对生态系统整体或局部进行模拟的相关模型等。

国内文献中，关于物种 – 栖息地关系的模型通常会用到以下几种方法：

1. 层次分析法

该方法通常用于研究目标较多的情况，此时需要将目标层分解为下一层级中的多个小目标或决策，然后再将这些小目标和决策分解为多项指标或准则等，通过将各指标进行层次排序和总体排序，并赋予每一层级中各指标、决策、目标等不同权重，最后通过加权的方式将每层级的权重等相加，得到目标层的最终权重，在这种递阶归并的过程中权重最大的即为最优方案。在进行权重的运算时需要构造判断矩阵，求出最大特征值和特征向量。通过归一化处理后，得到的数值为该指标相对于上一层级中指标或小目标的相对重要权值[93]。可以看出，这一方法所建立的模型能够较为系统地反映出研究目标，且整个过程较为简洁实用，所需的数据只需定性得到。但同时由于基础数据非定量数据，因此准确性和可信度受到了限制；且通常在最后一层中指标量较多，较难对每一指标进行公平准确的权重赋值；随着阶数的递增，对于特征值和特征向量的求法较为复杂，需要有较好的数学功底才能完成。

2. 模糊综合评价法

该方法是以模糊数学为依托，可将定性评价转化为定量评价的一种方法，可与层次分析法相结合，以弥补层次分析法中定性数据多、定量信息少的缺点[94]。在使用该方法进行相关模型建立时，首先需要构建模糊评价指标，如选择影响物种与栖息地关系的环境因子作为评价指标层，且评价指标的选取是否适宜直接影响着整个综合评价结果的准确性；然后需要使用专家经验法或结合层次分析法等对各指标进行权重赋值和构建权重向量，同时还需要建立合适的隶属函数，从而构建出评价矩阵；最后综合评价矩阵和权重等的最终结果，对各因子的权重值进行解释。显然应用模糊综合评价方法能够在一定程度上解决定性信息定量化的问题，同时能够化解评价中"亦此亦彼"的模糊现象，并进行综合评判[95]。但是该方法同样需要较强的数学背景，在进行权重赋值时仍有一定的难度，且在最初指标层选取时也可能存在一定的偏差。该方法通常用于评价生态系统某些方面或生境条件的综合等级指数，从而得到其环境质量或重要性、脆弱性等方面的等级判定。

2.2 生态修复的相关研究

2.2.1 恢复生态学研究动态

恢复生态学是一门关于生态恢复的学科，是应用生态学的重要分支，兼具理论意义和实践指导意义。由于人类对自然环境的破坏，所面临的恢复或重建已退化区域的任务也愈发复杂，也正因为如此，恢复生态学受到了广泛的关注和研究。

恢复生态学最早是由英国学者 Aber 和 Jordan 提出的，针对生态恢复的实验是在美国威斯康辛州麦迪逊周边的一块废弃农场内进行的。对于这一块草原生态系统的恢复使得研究学者 Leopold 及他的研究助手意识到生态系统的整体性、稳定性和生物群体的完整性对整个生态系统维持健康状态有着至关重要的作用。此后，恢复生态学在湿地生态系统、草原生态系统、森林生态系统和河流生态系统等多方面得到了发展和应用。20 世纪 70 年代，对于生态恢复较多的关注点放在了淡水生态系统的退化与恢复上，并取得了较大的进步。此后学术界开始对与生态恢复相关的生态重建、生态改良、生态改建等进行了较为系统的研究[96]。1975 年 3 月，在美国弗吉尼亚工学院召开了"受损生态系统的恢复"国际研讨会，会议中与会专家和学者主要探讨了关于生态恢复及重建中所遇到的重要生态问题，同时也就如何加速生态系统恢复和重建进行了初步的设想和规划。在此期间，北美、欧洲等的国家和地区根据各自所面临的具体问题，有所侧重地进行了相关的实践探索与研究，如北美主要针对富营养沼泽生态系统的恢复进行了研究，欧洲主要探索的是关于贫营养沼泽生态系统的恢复，此外，还包括对水体、水土流失、热带雨林的保护等问题的实际工程措施的研究和具体治理工作等。1980 年，美国生物科学联合会年会后出版的专著《受损生态系统的恢复工程》（Recovery Process in Damaged Ecosystems Cairns）一书，尝试着从不同角度对生态恢复的过程进行了探讨，并对其中所涉及的生态学理论和应用的相关问题进行了讨论。此后，多次的学术会议中，分别就不同受损环境中植被的恢复与重建，动植物群落、种群的生态学特征，以及人类对自然景观、生态系统等的干扰进行了讨论和研究。1985 年，随着 Jordan 等学者主编的《恢复生态学——生态学研究的一种合成方法》（Restoration Ecology：A Synthetic Approach to Ecological Research）一书的出版，标志着恢复生态学的正式诞生[97]。1987 年，国际恢复生态学学会（Society for Ecological Restoration，SER）于美国正式成立，并于 1993 年创立了 Restoration Ecology 杂志。

自恢复生态学正式提出以来，来自生态学、地理学、管理学等多学科领域的专家学者均参与其中。各学科间的相互交流与学习，共同促进了恢复生态学在理论和实践方面的研究和发展。目前，欧洲各国对矿地恢复的研究有着较为先进的理念和技术，北美各国对于水体和林地恢复的研究水平属于国际前列，新西兰和澳洲等对于草原管理与恢复取得了较多的实践经验，中国是在与农业相关的生态系统恢复及综合利用方面取得了一些成果，积累了丰富的经验，相关的论文更是发表在了关于生态学研究、环境科学研究、地理学研究、林学研究、水利学研究等多领域的杂志中，并呈现出较高的科研水平。基于多年理论和实践的发展，与恢复生态学相关的期刊、著作层出不穷，其中有较高学术价值的著作包括：《受损生态系统的恢复过程》（Cairns 主编）、《土地的恢复、退化土地和废气地的改造与生态学》等，相关的杂志有：Restoration Ecology（《恢复生态学》）、Ecological Engineering（《生态技术》）等，这些书籍和期刊的文章为之后研究的学者提供了参考。

迄今为止，对于恢复生态学的理论与实践的研究，其主要的特点表现在：研究对象包括了不同生态系统的多个方面，具有多元化的特点；研究和实践过程中注重多学科多方面的综合与相互交流，同时注重实践中经验的总结；此外，对于生态系统恢复的研究较注重其连续性，尤其对于生态系统的受损机制和过程和已经恢复的机制和过程的研究从未中断过。2017 年 9 月第 7 届国际恢复生态学大会（7th World Conference on Ecological Restoration）在巴西伊瓜苏召开，大会主题是：将科学与实践相结合，创造更美好的世界（Linking Science and Practice for a Better World），会议中的议题涉及了热带雨林 / 亚热带雨林的恢复、温带 / 北方森林的恢复、热带稀树草原 / 草原的恢复、湿地 / 滨海 / 海洋生态系统的恢复、地中海旱地的恢复、高山生态系统的恢复等。由此可见，关于恢复生态学的研究已经覆盖了世界的多范围和研究的多领域中，同时在不同尺度下的恢复生态学研究亦有着长足的发展。

中国幅员辽阔、人口众多，所覆盖的生态系统类型众多，生态系统的退化问题亦非常严峻。从 20 世纪 50 年代开始，中国科学院华南植物研究所余作岳等人就广东热带沿海地区被侵蚀的退化坡地开展了关于退化生态系统的植被恢复、荒山绿化相关技术与机理研究[98]。此后，相关研究主要是对现有的自然环境资源的彻底调查和评估，并对恢复生态学进行了初步的研究和实践。随着我国生态退化、环境污染问题的日益严重，不同研究机构从不同角度开展了有关生态恢复的研究和实践，如在国家层面的相关重要课题有："生态环境综合整治与恢复技术研究""生态系统结构、功能及提高生产力途径研究"等。此外还包括各地区根据自身薄弱环节所展开的研究，如关于内蒙古草原生态系统退化的原因、过程和机理[99]，以及如何优化草原生态系统的相关主题研究、长江中上游地区防护林建设、以湿地为主的生态脆弱地区退化生态环境恢复与重建工程[100]、沿海地区防护林建设等。这些实际的工程实践，为我国恢复生态与环境治理积累了宝贵的经验。

理论研究方面，我国学者对退化生态系统的定义、内容和相关理论进行了梳理和完善，对生态系统退化的机制、原理、标志以及恢复退化生态系统的相关理论、模型、方法和技术手段等进行了大量的研究，并将所提出的理论用于指导工程实践和区域生态恢复实验，均取得了良好的成效，为生态的可持续、环境资源的改善、社会经济的协同发展等作出了贡献。此外，关于森林生态系统的恢复，相关学者提出了重建群落结构的思想，并同时对植物群落的生态特征、所需的生境条件、生态系统中生物与非生物的能量流动和变化等进行了深入的研究[101]；还有包括对黄土高原地区水土流失严重的状况，从地貌和现存问题的根源出发，对草原生态系统在该地区的重要作用及所能创造的生态、社会、经济等方面的价值进行了研究和阐述[102]。

从我国政府出台的相关政策层面来看，由于生态系统的破坏已经严重影响了国家的生态安全，自然灾害的频发，人民生产、生活受到了严重影响，国家正式出台"退耕还林"政策，说明国家整体对于生态系统价值有了较高层面的认识。实施过程中的封山育林、植被恢复等为生态系统的恢复保障了生物群落的自然健康掩体，有效防止了人类的活动对生态系统造成的重大危害，对国家的生态安全起到了重要的保护作用[103]。近年来，随着我国的经济飞跃，国家对于生态系统的自身特征和价值的认识更加全面和彻底，把"生态"首次放在了与社会、政治、经济、文化相同的层级，把对绿水青山的建设放在了顶层设计的层面，从而为优化国土空间的开发格局，建设资源节约型、环境友好型社会，形成绿色发展方式和生活方式等提供了最强有力的保障，为全球的生态安全作出了贡献[104]。

2.2.2　生态规划学研究动态

生态规划学科的发展是在世界范围内工业化大发展后发达国家对环境保护运动的兴起，同时伴随着景观生态学等学科的发展壮大，景观规划师将生态型设计理念融入了规划设计工作中。从最初 Ian McHarg 提出的"设计结合自然"，并在对景观和土地资源的最初分析评估阶段，将"千层饼"法用于其中[105]。景观规划设计的分析方法由传统的单一逐个景观要素分析提升为将现状要素叠加，综合得到待规划设计场地的现状限制条件，以及相应设计方案所需的最适宜条件，即土地的适宜性条件。19 世纪中叶，由 Frederick Law Olmsted 和 Calbert Vaux 在纽约曼哈顿这种充斥着钢筋混凝土，地价寸土寸金的区域所设计的"中央公园"的落地实施，标志着城市对自然生态环境的渴求。随着现代科学技术的发展，电子计算机科学和 3S 技术，进一步提高了在规划设计前期中对自然资源及其分布状态和结构特点的精确度。

经过多年的发展和实践经验的累积，生态规划领域中被广泛认可和应用的理论及模型包括：以 Forman 为代表的学者提出的"景观格局"的相关概念和理论研究，其中"斑块 – 廊道 – 基质（Patch-Corridor-Matrix）"模型至今仍然是景观生态规划设计领域中的基础，也是景观设计师和规划师等对土地结构进行认知的基本模式[106]；Carl Steinitz 领导的多学科专家团队，分别在亚利桑那州及索诺拉省境内的圣佩德罗河上游流域、加利福尼亚洲彭德尔顿营地、宾夕法尼亚州门罗县境内，就如何提高规划区域的生物多样性，提出了多解规划的概念和方法，其规划设计方案主要包括："Alternative Futures for the Upper San Pedro River Basin，Arizona and Sonora""Alternative Futures for the Region of Camp Pendleton，California"及"Alternative Futures for Monroe County，Pennsylvania"。通过对庞大的基础数据进行分析，提出在不同发展诉求下，待规划设计区域的可能"预景（scenario）"[90]；德国科学家 Herbert Sukopp 在地图学发展的大背景下，于 20 世纪70 年代提出的生物生息空间制图法（Biotope Mapping），将生物对空间的利用情况展示在平面图上，并同时根据生物生存对栖息环境的选择，将验证场地进行了生境描述与绘制，为自然生境的保护规划提供了制图标准和规划依据[107, 108]；美国自然保护协会编纂的《生物多样性保护规划编制指南》，通过对未受到保护的野生生物物种栖息环境进行调研分析，提出相应的优化策略和整改意见建议等[109]；生态安全格局理念中通过选择指示物种或目标物种，对其在大的生态系统区域内的生存途径和迁徙路径进行了研究，以达到同时保护生态资源和环境以及其他多物种的要求[110]。

生态规划在我国的发展最初主要集中在：（1）对于城市景观的生态规划，主要针对在城市中的人类活动对生态环境的影响，研究如何合理地利用土地；（2）对于农村景观的生态规划，以农业生产用地为载体，将其纳入景观规划中，实现景观生态与农业生态的整合规划；（3）旅游区景观生态规划，主要是针对较大尺度下旅游区所在地的土地适宜性、生态敏感性、生态安全格局等所进行的规划设计；（4）自然保护区景观规划设计，指对整个自然保护区的景观格局和自然状况进行的生态规划。

在理论研究方面，以马世骏、王如松等学者提出的"复合生态系统理论"，将社会、经济和自然这三个"亚系统"进行综合考虑，最终达到自然系统存在和发展的合理性，经济系统能够获取一定的利润，社会系统具有应该承担的效益[111]；以俞孔坚和王云才等学者提出的"反规划"理论，强调的是土地的"完整性"，并认为城市的规划建设应该放在保障了生态环境的健康和安全之后[112, 113]。

我国的生态规划所涉及的范围较广，在实践中的生态规划类型也较为丰富，且在各区域针对自身特点进行研究时，已经形成了各有所长、各具特色的分布状态，但仍然存在不可忽视的问题。尽管我国关于生态规划的理论较多，实践也逐渐从宏观的尺度到达中观甚至微观的尺度，但在解决实际问题时往往会受到来自经济、利益、文化等多方面的阻碍，因此规划设计中往往仅以"生态"为卖点，但真正能够落地的策略并不多；对于生态规划中的方法，多沿用的是国外已经成熟的系统和方法，原创自国内的方法并不多或尚未成熟；国内关于自然资源等方面的开放数据受限，加之数据共享的难度较大，这对规划设计造成了极大的阻碍，更影响了研究中的精确度；其他基础学科及技术的应用并不普遍，甚至仍然有滞后，这种情况下，对生态规划中所需要的相关数据的搜集整理存在较大的障碍，尤其是在数据收集后的相关判断、推理、分析等方面相对较为薄弱。

2.3 研究进展分析

2.3.1 CiteSpace 文献计量分析

本研究对 2000—2018 年的相关文献进行了计量分析，主要使用的软件为 CiteSpace 软件。外文文献索引库为 Web of Science（WOS），中文文献索引库使用"中国知网（CNKI）"。通过文献的计量分析可以得出相关研究领域的发展趋势、研究侧重点、高水平文献的发表情况等信息。

1. 外文文献分析

本研究中对关于湿地生态修复及生物多样性等方面的研究，主要通过文献查阅，并通过 CiteSpace 软件进行分析和总结。所查阅的参考文献发表年限主要为 2000—2018 年，但相关领域中较为经典的文章则不限于该时间段。

相关外文文献主要是在 Web of Science 库中进行检索。输入"Wetland Restoration"和"Biodiversity"两个关键词，设置相关性为前 2000 的文章，分别得到以下可视化图像：

（1）关键词共现（图 2-1）：文献的关键词是从文章中抽取出来的高度概括文章主题的核心词汇，能够反映出文章主要的研究内容和方向。若某一关键词被引用的频率较高，则可以说明该词汇所涵盖的内容为该研究领域的热点问题。在 CiteSpace 中设定时间区间为 2000—2018 年，Node type 设置为"Keyword"，并输入"Wetland Restoration"OR"Biodiversity"，阈值设置为 Top 30，选择 MST（最小生成树）算法精简网络，分析后得到 246 个节点、470 条连线的关键词图谱。节点为年轮状，节点越大，关键词字体越大，说明该关键词总体频次越高。年轮中蓝色表示较早的年份，红色表示最近的年份，年轮的厚度与这一年的关键词频次成正比。有些节点被环以紫色的外圈，代表该关键词有较大中心度（>0.1）。关键词之间的连线代表两关键词经常出现在同一篇文献，连线越粗，共现频次越高。

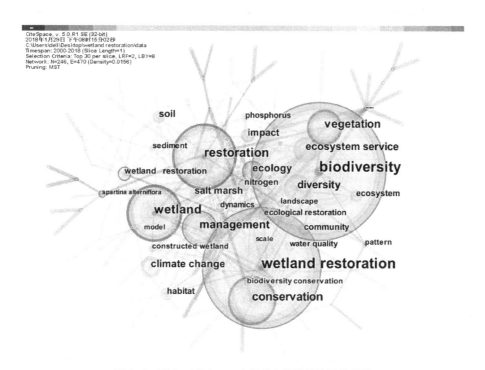

图 2-1　Web of Science 中相关文献的关键词共现图

根据文献检索分析，在以"Wetland Restoration"和"Biodiversity"为关键词的文献中，列出的共同关键词频率较高的前 20 项如表 2-1 所示，由于 Biodiversity 一词为搜索关键词，因此将第一项排除后，可以看出对于湿地生态修复的研究多集中在湿地生态系统服务功能（Ecosystem services）的恢复、提高和湿地生态系统的保护（Conservation）与管理（Management）方面，这与前文分析到的"湿地生态系统与人类关系最密切的联系即为对生物多样性的保持和提升，为人类提供多方面的无偿生态服务"等相符。此外，出现频率较高的关键词还包括如生境（Habitats）、土壤（Soil）、盐地沼泽（Salt marsh）、氮元素（Nitrogen）等，这类词汇是关于湿地生态系统中受到关注度最高的环境因子、生境类型或非生物因素。从另一个角度说，生境是生态系统内所有生物安身立命之所，若动植物生长的栖息环境能够被研究清楚，且能够通过对相关环境因素的修复、重建或保护，为生活在其中的动植物营造良好的栖息环境，则基本能够保障动植物的正常生活和繁衍活动，并形成有效的健康食物网络和能量的流动；土壤是环境的基础，大部分的物质、能量、信息的传播和流动都发生在土壤中，且土壤的酸碱程度、透水状况、营养程度、氮含量、碳含量及其他相关性质等是决定土壤性质的要素，而土壤的性质直接影响到植物的类别，因而也导致了食物链上层的组成成分和组织形式，因此，土壤对整个湿地生态系统而言是极关键的因素。处理好土壤、生境等在湿地生态系统中的作用，就能够在一定程度上使得湿地生态系统健康发展。对于湿地的保护和管理一直是研究的热点，外文文献中关于此类的研究数量也较多，且多是强调在对于湿地生态系统的修复中，不仅需要对系统中的各生物或非生物要素进行保护和修复，更需要公众的参与。

外文文献中关键词使用频率 表 2-1

序号	关键词	频次	中心度	序号	关键词	频次	中心度
1	biodiversity	226	0.19	11	climate change	35	0.02
2	wetland restoration	196	0.18	12	impact	27	0.1
3	restoration	104	0.38	13	soil	26	0.06
4	wetland	92	0.24	14	salt marsh	26	0.05
5	conservation	78	0.26	15	habitat	24	0.06
6	management	57	0.12	16	community	23	0.02
7	vegetation	56	0.27	17	wetland restoration	23	0.16
8	diversity	46	0.06	18	nitrogen	22	0.07
9	ecosystem service	45	0.04	19	ecosystem	22	0.04
10	ecology	36	0.17	20	ecological restoration	20	0.08

（2）关键词时区图（图 2-2）：在关键词共现图的基础上，Layout 选择"Timezone"，形成关键词时区图，该图像主要能够显示的内容为不同时间段内所要研究的学科的热点词汇，从而表现出研究的趋势和变化。由图中关键词可以看出，从 2000 年到 2018 年这个时间段中，前期关于湿地生态系统的研究的文献，多集中在关于生态系统整体的生物多样性（diversity）、生态系统的格局（pattern）、土地利用（land-use）等方面；2009 年，生态系统的服务功能（ecosystem service）成为高频词汇，此后有了关于生

态系统内不同类型栖息环境及相关指标的研究，如关键词草地（grassland）、河流流域（river basin）、指数（indicator）等；在全球范围内的研究中，Design（设计）一词一直伴随着生态修复而存在，并于 2012 年成为了高频词汇，同时与丰富度（richness）、系统（system）、植物（plant）、集合（assemnlage）等词相继多次被提及，说明关于湿地生态系统整体的修复与设计结合的文献逐渐增多。

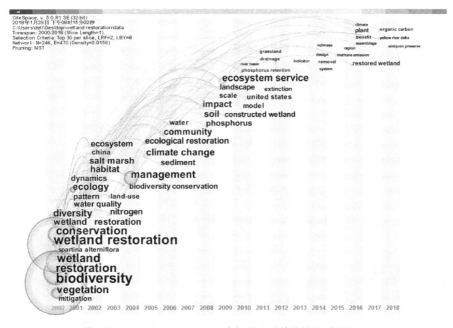

图 2-2　Web of Science 中相关文献的关键词时区图

（3）关键词突现（图 2-3）：这张图谱显示了相关文献中的关键词，从 2000 年至 2018 年间使用频率相加的结果。综合结果显示，在这类文献中提到最多的仍然是生态系统服务功能（ecosystem service），且在最近几年的使用频率更高；气候变化（climate change）一词位居第二，说明了学者对全球气温变暖大背景下生态系统的变化、演替及生态系统如何应对气候变暖相关问题进行了深入的探讨；此外，可以看到中国（China）和美国（USA）分别作为高频词汇被引用，国家名称作为高频词汇，从另一个角度说明关于湿地生态修复的实践和理论研究在这两个国家最多，尤其中国在近几年的研究发展势头较为强劲。

（4）作者合作（图 2-4）：在 CiteSpace 界面中时间区间选择 2000—2018 年，Node type 选择"Author"，阈值设置为 Top 30 per slice，选择 MST（最小生成树）算法精简网络，最后得到 484 个节点、154 条连线的机构合作图谱。节点为年轮状，蓝色的年轮表示较早的年份，红色的年轮表示最近的年份，年轮的厚度与该年该作者的发文量成正比。由于有些作者的发文频次较低，所以节点过小以至于多数作者节点看不出年轮。

Top 16 Keywords with the Strongest Citation Bursts

Keywords	Year	Strength	Begin	End	2000 — 2018
ecosystem service	2000	7.4648	2014	2018	
climate change	2000	5.8778	2012	2016	
pattern	2000	5.7634	2001	2005	
salt marsh	2000	5.3459	2002	2008	
phosphorus	2000	4.9787	2008	2012	
constructed wetland	2000	4.6654	2015	2016	
spartina alterniflora	2000	4.4147	2000	2005	
restored wetland	2000	4.2204	2016	2018	
sediment	2000	4.1742	2010	2014	
community	2000	3.9234	2012	2018	
china	2000	3.745	2015	2018	
plant	2000	3.69	2016	2018	
usa	2000	3.4261	2009	2010	
extinction	2000	3.3443	2011	2014	
response	2000	3.1501	2007	2009	
lake	2000	3.0862	2005	2007	

图 2-3　Web of Science 中相关文献的关键词突现图

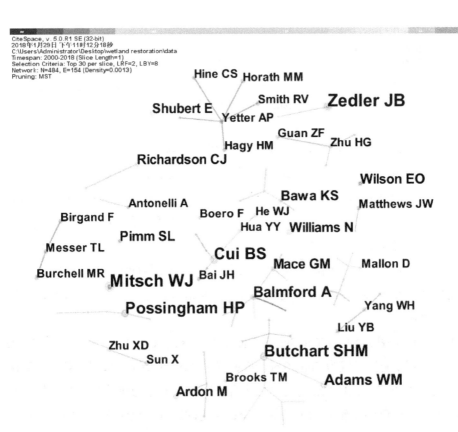

图 2-4　Web of Science 中相关文献的作者合作分析图

从图中所反映的整体情况来看，作者间合作并不紧密，多为两两合作或三者之间的合作，高产作者之间合作较少，且作者发文量均相对较低。在湿地生态修复或生物多样性保护领域发文频次较高的作者如表 2-2 所示，这些作者的文章通常能够代表该研究领域顶级的水平，或能够说明文章发表的是当时较为先进的理念等。

外文文献中文章发表频率较高的作者　　　　　　　表 2-2

序号	作者	频次	序号	作者	频次
1	Mitsch WJ	7	11	Richardson CJ	4
2	Zedler JB	7	12	Williams N	4
3	Cui BS	6	13	Shubert E	4
4	Possingham HP	6	14	Bawa KS	4
5	Butchart SHM	6	15	Pimm SL	4
6	Adams WM	5	16	Burchell MR	3
7	Balmford A	5	17	Birgand F	3
8	Ardon M	4	18	Antonelli A	3
9	Mace GM	4	19	He WJ	3
10	Wilson EO	4	20	Hua YY	3

（5）机构合作（图 2-5）：在 CiteSpace 界面中时间区间选择 2000—2018 年，Node

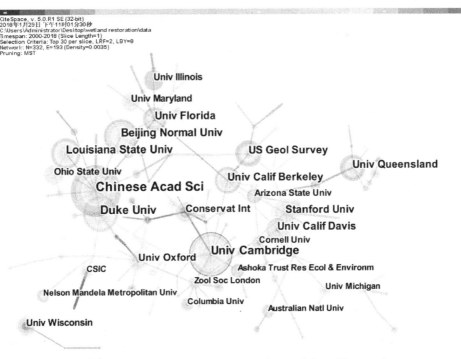

图 2-5　Web of Science 中相关文献的机构合作分析图

type 选择"Institution",阈值设置为 Top 50 per slice,选择 MST(最小生成树)算法精简网络,最后得到 332 个节点、193 条连线的机构合作图谱。节点为年轮状,蓝色的年轮表示较早的年份,红色的年轮表示最近的年份,年轮的厚度与该年该机构的发文量成正比。机构间的连线越粗,说明合作越多。从图中整体情况来看,机构间合作较紧密,而机构间的良好合作可更好更快地推动该学科的发展。

根据发表文献的统计,来自表 2-3 中的机构的作者发表文章累计排列前 20。其中,中国科学院内研究学者的文章发表频次占据第一,来自北京师范大学的相关学者的文章发表频次排列第 4。由此可见,中国学者对于湿地生态恢复和生物多样性等方面的研究投入较多,关注度也较高,并且经过了长期的理论研究和丰富的实践经验累积,最终的成果也较为丰富。总体来看,发表文章频率较高的学者多来自美国各科研机构,实力较强。还有些学者来自英国、澳大利亚等发达国家,以及南非纳尔逊·曼德拉大学。

外文文献中文章发表频率较高的机构及其发表频次　　　　　表 2-3

序号	机构	频次	序号	机构	频次
1	Chinese Acad Sci	30	11	University of Florida	14
2	University Cambridge	25	12	Conservat Int	13
3	Duke University	21	13	University of Oxford	13
4	Beijing Normal University	20	14	University of Wisconsin	12
5	Louisiana State University	18	15	Ohio State University	11
6	Stanford University	17	16	University of Illinois	11
7	US Geol Survey	16	17	University of Maryland	11
8	University of Queensland	15	18	Arizona State University	9
9	University of California, Berkeley	15	19	Cornell University	9
10	University of California, Davis	14	20	Nelson Mandela Metropolitan University	8

(6)文献共被引(图 2-6):学者发表的论文被数据库收录后,其他研究者通过检索来获取信息,从而引用这篇论文。被引用的文章为被引文献,而被引文献的第一作者叫被引作者,有时一些权威机构也进行论文的发表。如果这些学者或机构的论文被引用的频次很高,就称之为"高被引作者或机构"。高频被引文献反映研究基础,通常为该学科的知识基础来源。高被引作者或机构在其所研究领域具有世界级影响力,其科研成果为该领域发展做出了较大贡献。被引频次最高的作者或机构,显示了他们在该领域研究中的影响力,他们是本研究领域的核心作者,核心作者的文献被持续引用,对推进研究有重要作用。

在 CiteSpace 界面中时间区间选择 2000—2018 年,Node type 选择"Cited reference",阈值设置为 Top 50 per slice,选择 MST(最小生成树)算法精简网络,最后得到 815

个节点、637 条连线的文献共被引图谱。节点为年轮状，蓝色的年轮表示较早的年份，红色的年轮表示最近的年份，年轮的厚度与该年的文献被引频次成正比。

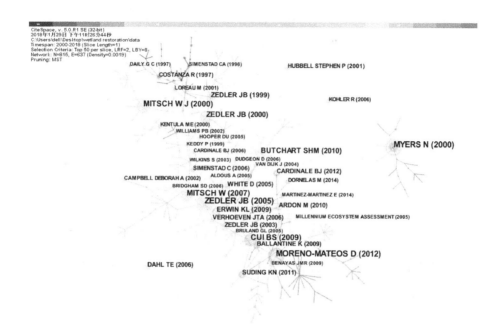

图 2-6　Web of Science 中相关文献的文献共被引图

表 2-4 中显示的为检索到的并符合条件的文献中被引用频次最高的文章，可以看到 Myers N、Zedler JB、Mitsch W J 三位作者发表的文章多具有较高的学术水平。且关于湿地生态修复和生物多样性保护等方面的文章，在《NATURE》《WETLANDS》《ECOLOGICAL ENGINEERING》等杂志上发表的文章具有较高的关注度和被引用频次，因此可以说，这些杂志上的文章学术水平普遍较高，具有权威性。

外文文献中被引频率较高文章的作者及发表杂志　　　　表 2-4

序号	被引文献	频次
1	Myers N，2000，NATURE，V403，P853	20
2	Zedler JB，2005，ANNU REV ENV RESOUR，V30，P39	20
3	Moreno-mateos D，2012，PLOS BIOL，V10，P	19
4	Mitsch W J，2000，WETLANDS，V，P	16
5	Cui BS，2009，ECOL ENG，V35，P1090	15
6	Mitsch W，2007，WETLANDS，V，P	15
7	Zedler JB，2000，TRENDS ECOL EVOL，V15，P402	14
8	Butchart SHM，2010，SCIENCE，V328，P1164	13
9	Zedler JB，1999，RESTOR ECOL，V7，P69	10

序号	被引文献	频次
10	Erwin KL, 2009, WETLAND ECOLOGICAL MANAGEMENT, V17, P71	10
11	Suding KN, 2011, ANNU REV ECOL EVOL S, V42, P465	9
12	Zedler JB, 2003, FRONT ECOL ENVIRON, V1, P65	9
13	Verhoeven JTA, 2006, TRENDS ECOL EVOL, V21, P96	9
14	Ardon M, 2010, ECOSYSTEMS, V13, P1060	8
15	Dahl TE, 2006, STATUS TRENDS WETLAN, V, P	8
16	Ballantine K, 2009, ECOL APPL, V19, P1467	8
17	White D, 2005, ECOL ENG, V24, P359	8
18	Cardinale BJ, 2012, NATURE, V486, P59	8
19	Hubbell Stephen P, 2001, V32, V, P	7
20	Costanza R, 1997, NATURE, V387, P253	7

综合以上分析，在近 18 年的全球已发表文献中，关于湿地生态修复的研究多以生物多样性的提高和生态系统服务功能的改善等相关研究为主，并包括了对于生物栖息生境的研究以及对各环境因素的分析，可以说明关于此类分析，仍然是学科的研究热点。就研究发表文章数而言，中国学者在近几年发表的文章数较多，实践经验也较为丰富；美国学者的研究成果亦非常丰富，且发表文章的质量通常较高，在行业中起到了引领作用。

2. 中文文献分析

本研究同时也就中文文献中，关于湿地生态修复及生物多样性等方面的研究进行了文献检索和分析。所使用的中文文献库为 CNKI，检索关键词为"湿地生态修复"和"物种多样性"，同样选择相关性为前 2000 的文章，通过 CiteSpace 软件进行分析和总结，分别得到以下可视化图像：

（1）关键词共现（图 2-7）：与英文文献的设置相同，在 CiteSpace 界面中时间区间选择 2000—2018 年，Node type 选择"Keyword"，阈值设置为 Top 30 per slice，选择 MST（最小生成树）算法精简网络，最后得到 266 个节点、429 条连线的关键词图谱。节点为年轮状，节点越大，关键词字体越大，说明该关键词总体频次越高。年轮中蓝色表示较早的年份，红色表示最近的年份，年轮的厚度与该年的关键词频次成正比。有些节点被环以紫色的外圈，代表该关键词有较大中心度（>0.1）。关键词之间的连线代表两关键词经常出现在同一篇文献，连线越粗，共现频次越高。由于"生物多样性"为文献检索词，因此频次最高为 2127，该关键词节点频次过高节点过大越出界面，导致其他关键词节点不能正常显现，因此在图中删除该关键词，仅在频次表中体现，如表 2-5 所示。

CiteSpace, v. 5.0.R1 SE (32-bit)
2018年1月29日 下午07时55分16秒
C:\Users\Administrator\Desktop\20180129\data
Timespan: 2000-2018 (Slice Length=1)
Selection Criteria: Top 30 per slice, LRF=2, LBY=8
Network: N=266, E=429 (Density=0.0122)
Pruning: MST

图 2-7　中国知网中相关文献的关键词共现图

中文文献中关键词频率　　　　　　　　表 2-5

序号	关键词	频次	中心度	序号	关键词	频次	中心度
1	生物多样性	2127	1.39	11	生物入侵	36	0.08
2	群落结构	97	0.12	12	浮游植物	31	0.05
3	生态系统	72	0.14	13	生物量	27	0.06
4	自然保护区	62	0.05	14	生态恢复	22	0.03
5	生态环境	60	0.1	15	多样性	21	0
6	可持续发展	54	0.14	16	可持续利用	20	0.01
7	大型底栖动物	53	0.02	17	优势种	19	0.03
8	物种多样性	48	0.11	18	全球变化	19	0
9	生态系统服务	42	0.08	19	人类活动	18	0.03
10	气候变化	39	0.05	20	保护对策	18	0

在以"湿地修复"和"物种多样性"为关键词搜索时，得到中文文献中使用关键词频率最高的前 20 项，由于物种多样性为搜索词，忽略排在首位的"生物多样性"一词，其余的关键词以生态系统内部各因素相关词汇（如"群落结构""大型底栖动物""浮游植物""生物量"等）、生态系统服务功能、人类活动等为主，"多样性"一词排列在第 15。可见中国学者在相关问题的研究中，关于生态系统的内部结构及内部关键要素为其热点和重点，同时由于生态系统的服务功能的相关价值与人类利益关系密切，

人类活动是影响和破坏生态系统的主要因素之一，因此这两方面亦受到了重视。

（2）关键词时区图（图2-8）：在关键词共现图的基础上，Layout选择"Timezone"，形成关键词时区图，可从图中看出随着时间的演变，热点词汇和相关研究趋势的发展状况。从图谱中可以看出，在2009年前，多数的研究集中在生态系统内部结构与动植物的数量和分布情况中；2009年后，对于生态系统的服务功能与价值评估、相关指标体系、物种丰富度等量化的研究成为热点；而与景观规划设计相关的热点词汇仅为2016年出现的"农业景观"及2017年出现的"国家公园"，说明有一部分景观规划设计相关学科的学者在对湿地生态修复的研究工作中，提出了大量的个人见解，分享了研究成果，并成为近年来的热点研究课题。但仅以农业景观和国家公园为研究载体，说明景观规划与设计在这一大课题下所渗透的方面仍然较少，即关于如何运用规划和设计的理论和方法，并结合其他学科研究方法，从而在生态修复中发挥作用的相关研究还有很大的空间，且这一课题已经是研究的热点。

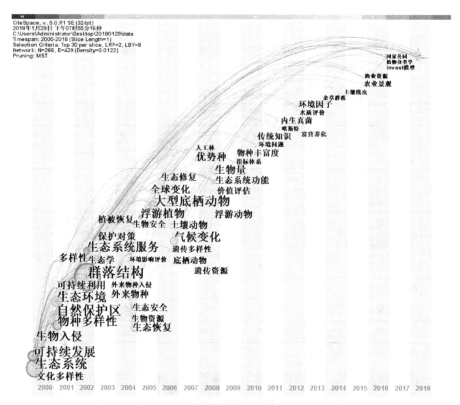

图2-8　中国知网中相关文献的关键词时区图

（3）关键词突现（图2-9）：这一图谱明确显示了各关键词在不同年份的热度，同时再次印证了上述关键词时区图中的相关讨论。其中"风景园林"的热度主要在2010年、2011年间最盛。

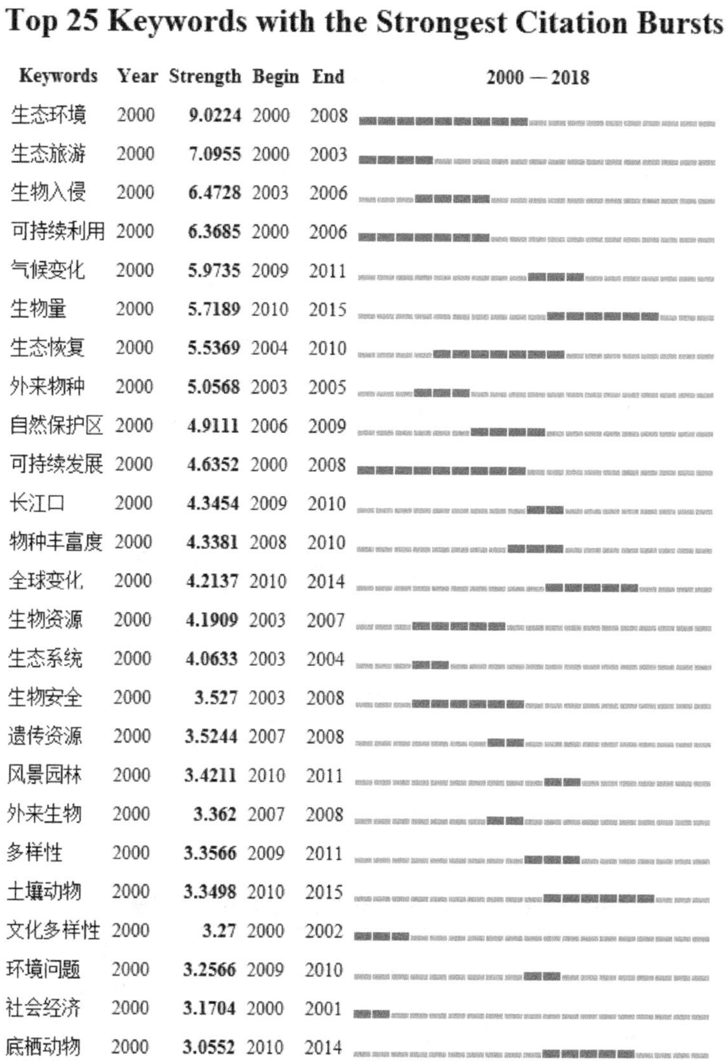

Top 25 Keywords with the Strongest Citation Bursts

Keywords	Year	Strength	Begin	End	2000 — 2018
生态环境	2000	9.0224	2000	2008	
生态旅游	2000	7.0955	2000	2003	
生物入侵	2000	6.4728	2003	2006	
可持续利用	2000	6.3685	2000	2006	
气候变化	2000	5.9735	2009	2011	
生物量	2000	5.7189	2010	2015	
生态恢复	2000	5.5369	2004	2010	
外来物种	2000	5.0568	2003	2005	
自然保护区	2000	4.9111	2006	2009	
可持续发展	2000	4.6352	2000	2008	
长江口	2000	4.3454	2009	2010	
物种丰富度	2000	4.3381	2008	2010	
全球变化	2000	4.2137	2010	2014	
生物资源	2000	4.1909	2003	2007	
生态系统	2000	4.0633	2003	2004	
生物安全	2000	3.527	2003	2008	
遗传资源	2000	3.5244	2007	2008	
风景园林	2000	3.4211	2010	2011	
外来生物	2000	3.362	2007	2008	
多样性	2000	3.3566	2009	2011	
土壤动物	2000	3.3498	2010	2015	
文化多样性	2000	3.27	2000	2002	
环境问题	2000	3.2566	2009	2010	
社会经济	2000	3.1704	2000	2001	
底栖动物	2000	3.0552	2010	2014	

图 2-9　中国知网中相关文献的关键词突现图

（4）作者合作（图 2-10）：在 CiteSpace 界面中时间区间选择 2000—2018 年，Node type 选择"Author"，阈值设置为 Top 30 per slice，选择 MST（最小生成树）算法精简网络，最后得到 467 个节点、251 条连线的机构合作图谱。节点为年轮状，蓝色的年轮表示较早的年份，红色的年轮表示最近的年份，年轮的厚度与该年该作者的发文量成正比。由于多数作者的发文频次较低，所以节点过小以至于作者节点看不出年轮。从整体来看，作者间合作一般多为一些小团队的合作，没有形成整体的合作网络。文章发表频次排前 20 位的作者如表 2-6 所示，其中中央民族大学的薛达元教授、中科院马克平研究员和西南林学院的李巧三位学者排名前三，发表文章频次较高。且这 20 位学者多数具有生态学、动植物保护及地理学等方面的学科背景，其中傅伯杰和梁国付两位学者在景观生态学领域的成果较多，欧阳志云教授主要在生态规划与生态评价、城市复合生态系统等方面进行研究，并与美国和德国的相关研究机构进行过合作交流，且成果丰富。

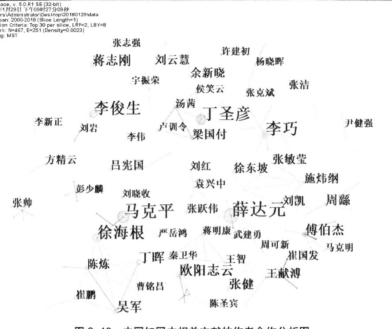

图 2-10　中国知网中相关文献的作者合作分析图

中文文献中文章发表频率较高的作者及其发表频次　　　　　　表 2-6

序号	作者	频次	序号	作者	频次
1	薛达元	21	11	吴军	8
2	马克平	18	12	张健	7
3	李巧	15	13	周繇	7
4	丁圣彦	15	14	刘云慧	6
5	徐海根	13	15	徐东坡	6
6	李俊生	13	16	施炜纲	6
7	欧阳志云	9	17	张敏莹	6
8	傅伯杰	8	18	吕宪国	6
9	丁晖	8	19	梁国付	6
10	蒋志刚	8	20	余新晓	6

（5）机构合作（图 2-11）：在 CiteSpace 界面中时间区间选择 2000—2018 年，Node type 选择 "Institution"，阈值设置为 Top 30 per slice，选择 MST（最小生成树）算法精简网络，最后得到 324 个节点、141 条连线的机构合作图谱。节点为年轮状，蓝色的年轮表示较早的年份，红色的年轮表示最近的年份，年轮的厚度与该年该机构的发文

量成正比。机构间的连线越粗，说明合作越多。从整体情况来看，机构间合作较紧密。

文章发表频次较高的学者主要来自表2-7中所列出的机构，可以发现，多数来自中科院各研究所，实力较强，所涉及的领域也较为广泛。河南大学环境与规划学院中学者的文章发表频次也较高。此外，教育部黄河中下游数字地理技术重点实验室的研究成果在近年来亦非常丰硕，说明数字技术和大数据等手段在关于湿地生态修复中的应用已成为热点。

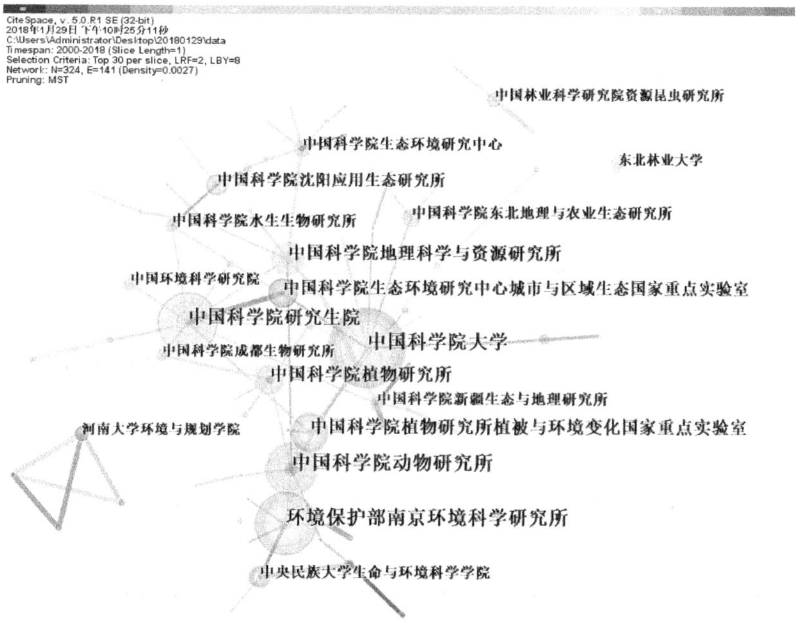

图 2-11 中国知网中相关文献的机构合作分析图

中文文献中文章发表频率较高的机构及其发表频次 表 2-7

序号	机构	频次	序号	机构	频次
1	中国科学院大学	30	11	中国科学院生态环境研究中心	14
2	中国科学院动物研究所	25	12	中国科学院水生生物研究所	13
3	环境保护部南京环境科学研究所	21	13	中国科学院新疆生态与地理研究所	13
4	中国科学院研究生院	20	14	中国科学院东北地理与农业生态研究所	12
5	中国科学院地理科学与资源研究所	18	15	东北林业大学	11
6	中国科学院植物研究所植被与环境变化国家重点实验室	17	16	中国环境科学研究院	11
7	中国科学院植物研究所	16	17	河南大学环境与规划学院	11
8	中国科学院生态环境研究中心城市与区域生态国家重点实验室	15	18	中国科学院成都生物研究所	9
9	中国科学院沈阳应用生态研究所	15	19	中国林业科学研究院资源昆虫研究所	9
10	中央民族大学生命与环境科学学院	14	20	中国科学院昆明植物研究所	8

2.3.2　研究进展评述

人类与湿地生态系统的和谐共处体现在，以保护为前提的条件下，能够合理利用。生态系统的健康运行与可持续发展，不仅是系统内各环境要素的结构合理、功能正常，更需要各生物与非生物要素之间能够形成健康的循环和能量、信息的流动，以及真正生活在其中的动植物能够获得最适宜的生境条件和演替环境。

由前文中的分析可以看出，在我国关于湿地生态修复和物种多样性保护的相关问题，主要由生态学及动物、植物学等相关领域专家主导，且以研究湿地生态系统内的植物群落结构、动物保护、微生物等的监测为主，即多数文献分析的是生态系统内部成分。

对比国内外关于湿地生态修复和物种多样性保护的文献，中文动植物的研究文章数量并不少，但是关于物种生境的研究数量较少，说明对于动植物的研究多是对物种本身及其生存所需要的环境要素进行的研究，或仅仅将动植物、浮游生物等作为整个系统健康状况的指示物种，而对物种与环境所产生的相互关系关注较少，更缺乏从动植物的视角，研究其如何使用湿地生态系统的相关研究。由于我国对于生态系统的修复起步较晚，且生态系统退化及被破坏的程度较大，恢复任务通常较为艰巨且紧迫，因此多数实践工程等是以保护为主。中文研究中并未出现与"管理"相关的关键词汇，说明在对生态系统的保护或恢复中，专家介入较多，公众参与较少，因此"全民参与"的意识薄弱，在这一方面需要加强。

对于以湿地生态系统为代表的自然生态系统的修复已经不仅是生态学家或植物学家们的研究课题，更成为景观设计和规划领域的前沿和热点课题，以生态学视角出发，落地于景观设计与规划策略的相关研究不论在理论或实际中均有很大的价值和提升空间。国外文献显示，景观设计师和规划师已经较多地参与到对生态系统的修复及物种多样性的提高相关课题中。但在中国，较多的研究仍然停留在景观生态学的层面，而真正通过设计规划对受损湿地生态系统进行保护甚至利用的案例并不多。且研究对象多为城市公园或人工湿地，对自然环境中的生态系统关注较少，对滨海湿地的景观生态修复研究几乎空白。然而以滨海湿地为代表的自然湿地生态系统面积更大，且受损情况及生物多样性下降情况更为严重，因此急需得到关注和改善。本研究正是在这样的大背景下，以天津滨海湿地生态系统为研究对象，以鸟类为指示物种，试图通过对鸟类丰富度与湿地生态环境之间的关系进行研究后，以景观设计师的视角，提出相应的生境修复与营造的策略，从而达到提高生物多样性和湿地景观生态修复的目的。

2.4 小结

由于生态系统的修复研究是综合了多学科和多领域的科学，因此在研究过程中对多个学科进行了文献的阅读、整理、分析等。鸟类是生态系统中生物链顶端的物种，它们的丰富程度和生存条件能够作为指示标准，显示出整个生态系统的健康状况。对于鸟类群落生态学的研究综述依然首先以时间为轴，阐述了该学科在发展过程中的主要代表学者和领域，并研究了我国关于鸟类群落生态学保护问题中的研究特点。以及随着城市化进程的加快，人为活动对鸟类的生存和多样性的保护所造成的直接及间接影响。结合鸟类在风景园林设计和规划中起到了生态作用、美学作用，说明该物种是联系人类与自然环境的重要纽带，因此在这一部分的综述中，还提出了在进行景观生态化规划和建设中，应该将如何提高鸟类丰富度及如何有效地对鸟类群落进行保护等纳入规划方案的制定中。同时也要看到现代技术的发展对鸟类群落保护的研究所能够提供的先进技术及调查分析方法等；在研究物种与栖息环境关系时，数学模型是常用的方法，通过阅读参考文献，总结出国外学者经常用到的方法，即：研究较大尺度中生物与栖息地关系时的模型，如栖息地适宜性指标、栖息地功效模型及栖息地评估法，同时分析了这三种主要模型的主要特点。此外还包括基于地理信息系统的相关模型，分析了使用此类模型时需要用到的数据和方法，并主要以 Carl Steinitz 所主导完成的关于亚利桑那州及索诺拉省境内的圣佩德罗河上游流域生物多样性恢复的工程实践为例，阐述了地理信息系统在生态恢复和多样性提升工程中的主要作用及特点等。专家经验模型亦为国外学者常使用的方法之一，该模型的建立是以各领域专家学者的专业知识和实践经验等为基础的，具有较强的主观因素。而国内在关于物种栖息生境关系的研究中，经常使用的模型包括层次分析法和模糊综合评价法等，这两种模型建立的方法需要较强的数学基础和背景，因此建立方法具有一定的复杂性。模型是科学研究的重要方法之一，本研究中尝试使用较为简单的数学模型，准确描述主要问题，并解决相关问题。

在恢复生态学相关研究中，以时间发展为梳理轴线，总结出每一阶段恢复生态学领域的主要成就，以及各国在针对自己国家所产生的具体生态问题时的经验积累和优势领域。尤其对我国恢复生态学的相关热点研究方向进行了阐述。生态规划是在人类逐渐认识到自然环境本身的重要性后逐渐发展起来的学科，本研究中以该领域在美国的兴起和发展为主要内容，分析了生态规划学科的特点和优势。同时分析了生态规划在中国的发展、研究的重点和已经较为成熟的领域，以及研究较为薄弱的环节和方面。

在对国内外相关文献进行计量分析时，主要对以"鸟类多样性"及"湿地生态修复"为关键词，且发表时间为 2000—2018 年之间的文献，利用 Citespace 软件进行了统计和分析，得出此类文献中使用的频率最高的关键词，文章发表频率较高的作者、相关研究机构，以及作者之间和研究机构之间合作交流的情况等，得出了在关于生态修复或生物多样性提高方面的研究存在着交流合作不够紧密，研究数据或信息等无法及时共享等问题。此外，更重要的是得到了时间轴线上关键词的分布情况和演变情况，从而可以明确地表示出在相关文献中，研究的侧重点随着时间发生的转移和变化。通过对这些文献的分析及相应的可视化图形，可得出景观规划类似专业在生态系统修复研究工作中的介入情况，并说明了从生态学或动物保护等角度出发，以景观规划设计为解决生态问题的具体操作手段在国内外的发展状况和开始时间等，表明这一研究方向的重要性和前瞻性，并且具有较大的发展空间等特点。

第 3 章

研究内容及方法

3.1 研究区域及场地

3.1.1 研究区域

天津市为中国北方最大的沿海直辖市，坐落于渤海沿岸。该区域处于暖温带湿润大陆性季风气候区，主要受季风环流的影响，夏季潮湿高温，冬季寒冷干燥。常年平均气温为12.6℃，年平均降雨量为604.3mm，年平均蒸发量为1750～1840mm[114, 115]。

本研究的4个湿地中北大港湿地自然保护区及官港森林公园位于天津市滨海新区，其中北大港湿地总面积为34887hm²，是天津市面积最大的湿地自然保护区，同时为国家级重要湿地[42]；官港森林公园的面积为2285hm²，与北大港湿地自然保护区地理位置相近。大黄堡湿地位于天津市武清区，总面积为11200hm²，七里海古潟湖湿地位于天津市宁河县境内，总面积约为34438hm²，这两处湿地均为国际重要鸟类栖息地（IBAs）[116]。

3.1.2 研究场地

1. 自然条件概况

（1）大黄堡湿地自然条件

地形地貌条件：大黄堡湿地地处华北平原东北部，海河流域下游[117]，属于华北沉降带的冀中凹陷北部，由于以下降为主的下沉运动及河流冲积物的填充，形成了微度起伏的冲击平原。地面倾斜平缓，海拔高差不大，地形相对低洼。区域内地貌类型主要有冲积平原和海积平原。其中冲积平原主要由微倾斜平地、低平地、缓岗、洼地、河漫滩、人为地形组成。

水文条件：大黄堡湿地所处的武清区境内河流众多，一级河道包括永定河、北运河、青龙湾河、龙凤河等；二级河道有龙河、龙凤河故道、龙北新河、永定河中泓故道、机场排河、狼尔窝引河、凤河西支等。武清区境内多年平均产水量为1.579m³[118]。

气候条件：大黄堡湿地位于中纬度，北依燕山、东近渤海。主要受季风环流影响，冬季盛行西北风，干燥寒冷；夏季常为偏南风，湿润多雨。季节变化明显，介于大陆性气候和海洋性气候的过渡带上，属于温暖带半湿润大陆性季风气候，四季分明。年平均降水量为578.3mm，年蒸发量为1164.4mm，多年平均气温为11.6℃。全年日照时数平均为2752.2h，以5、6月份最多。

（2）北大港湿地自然保护区与官港森林公园自然条件

地形地貌条件：由于北大港湿地自然保护区与官港森林公园地理位置邻近，形成过程及自然环境条件相似。从自然地理角度来看，两处湿地亦有其一致性。均属古潟湖湿地，是由水生、湿生动植物及其生存环境组成的湿地生态系统。从地质地貌角度，均为第四纪全新世时期形成的海积、冲积平原类型的古潟湖洼地。因此，将两处湿地的现状自然条件同时讨论。

这两处湿地同属古渤海湾后退时遗留下来的潟湖洼地，因成陆较晚（5000～1000年前），地势低洼。主要由海岸和退海岸成陆低平淤泥地形组成，形成了以河砾黏土为主的盐碱地貌。区域内地势平缓，地形单一，以平原为主，地面较平坦，地势由西南向东北微微降低，平原坡度小于万分之一[119]，最高处海拔5.08m（黄海高程），最低处海拔2.78m（黄海高程），平均高度3.58m（黄海高程）左右，洼底高程只有1～2m。

水文条件：区域内河流纵横交错，坑塘洼淀多，境内有独流减河、子牙新河、马厂减河、北排河、青静黄排水渠、沧浪渠、十米河、八米河等十一条河，主要担负输水、引水和汛期泄洪任务。东部有渤海湾滩涂，中部有大型的北大港水库，西部有钱圈水库，南部有沙井子水库。历史上多洪涝灾害，是海河流域下游的泄洪地区。在20世纪70年代，经人工深挖筑堤，形成常年积水的大型洼地。并建成扬水泵站，在丰水年份将附近河水经引河提蓄。地下水潜水较丰富，沿马厂减河一带的地下水埋深在1.5～2m，矿化度为弱矿化水和矿化水。近海的地区，地下水埋深1.0～1.5m，因受海水侧渗影响，地下水矿化度较高，以强矿化水为主，板桥农场、上古林以东和大港油田一带为盐水和高浓度盐水。离海较远的地区，地下水以钠质硫酸盐氯化物型水为主。

气候条件：两处湿地所处的区域属暖温带半湿润大陆性季风气候，受太平洋季风影响，夏季由于受大陆低气压和低纬度北太平洋副热带高压中心的影响，盛行高温的东南风；冬季由于受蒙古、西伯利亚冷高气压中心的影响，对流低，盛行寒冷干燥的西北风。因而形成大港区气候冬夏长、春秋短、春季干旱多风，夏季高温高湿多雨，秋季冷暖适宜，冬季寒冷少雪；四季变化明显，降雨多集中在7～8月份，年蒸发量是降雨量的三倍多。历年初霜最早为10月15日，历年终霜最早为3月1日，霜期约为154天，无霜期211天。年平均地温12.1～13℃，通常12月中旬开始封冻，3月下旬开始解冻，常年封冻期107天，冻土最大深度50cm。

（3）七里海古潟湖湿地自然条件

地形地貌条件：宁河县处于冲积平原前缘和滨海冲积平原交错地带。七里海古潟湖湿地位于西南部，地势最低，是燕山纬向构造体系与新华夏构造体系的交错地带，它是渤海湾从中全新世纪达到海侵最大范围后，海水后退、逐渐成陆过程中遗留的众多潟湖洼地中的一个，其上覆盖着第四纪沉积物。研究区域地貌类型主要为平原、洼地、海岸带三类，主要是平原。湿地范围内及周边地区仍保持不均匀下沉的特征，沉积物厚达300～500m。1万年（全新世）以来，由于渤海湾沿海平原地势已趋于平坦，地层厚约20～30m。此外，根据2007年华北有色工程勘察院的勘察结果，发现该区域内分布有4道贝壳堤，9处牡蛎礁富集区，这些地质遗迹是重要的地质演变证据，应该予以重视和保护[120]。

水文条件：七里海古潟湖湿地位于海河流域下游，水系涉及海河流域的北三河（蓟运河、潮白河、北运河）水系、永定河水系、大清河水系、海河干流水系等。经2012年对水质的监测，结果显示整个湿地范围内地表水的pH值在标准允许范围内，但处于富营养化状态。地下水的变动，主要受降水支配及河流补给的影响，春季降水少，地下水位降至最低，进入雨季，随降雨增加，地下水位逐渐上升，至8月份为最强，此后逐渐下降。由于4个湿地常年蓄水，地下水位较高，七里海湿地地下水埋深一般小于0.5m，水化学类型为Cl—Na型，矿化度2g/L，pH值为8.4[120]。

气候条件：七里海古潟湖湿地位于北半球中纬度欧亚大陆的东岸，属于北温带大陆性季风气候。主要气候特点是四季分明，春季，多风少雨蒸发量大，气温回升较快，空气干燥。夏季，受太平洋暖湿气团的影响，盛行东南风，气温高降雨多。高温高湿为作物及湿土植被生长创造了良好的气候条件。历年平均气温11.7℃，1月份平均气温零下5.5℃，7月份平均气温25.5℃，极端最低气温零下20℃，极端最高温度为39.3℃。无霜期195天，融冻期280天。年平均降水量600mm左右，集中在6、7、8月份，占全年降水量的80%。蒸发量1890mm，年相对湿度65%。降水量受地形和海陆影响，雨量分布不均，山区多于平原，沿海多于内陆。

2. 土壤条件概况

（1）大黄堡湿地土壤条件

大黄堡湿地土壤类型为草甸沼泽土，土壤质地为壤质，pH值为8.1，有机质含量为2.30%，无泥炭层。

（2）北大港湿地自然保护区与官港森林公园土壤条件

两处湿地范围内地势低洼平坦，多静水沉积，由于过去河流泛滥和长期引水，沉积了不同质地的土壤。地形较高的地方为轻壤土和砂壤土，而洼地多为重壤土和中壤土。由于各河流连续和交替进行的冲积作用，土壤层次也较复杂，土层厚度一般在0.3～0.6m，主要有盐化湿潮土和海积滨海盐土，潮土分布面积较大[122]。

（3）七里海古潟湖湿地土壤条件

七里海古潟湖湿地内的土壤类型为盐化草甸沼泽土，pH值为8.1，呈微碱性，有机质含量是2.13%，土壤质地较黏重，为砂质黏土，颜色暗灰棕色，局部有很薄的泥炭层，潜育化明显。在40cm以下有明显的灰蓝色潜育层。实验区土壤类型为盐化湿潮土，土壤有机质含量介于1%～2%之间。在七里海湿地缓冲区西北部，有部分湿潮土分布[120]。

3. 周围社会经济概况

（1）大黄堡湿地周围社会经济概况

大黄堡湿地境内涉及大黄堡乡、上马台镇、崔黄口镇的25个行政村，总人口约为 19804 人。2012 年武清区的生产总值约为 140.6 亿元，其中第一产业的生产总值为 20.1 亿元，第二产业的生产总值为 70.9 亿元，第三产业的生产总值为 49.6 亿元。湿地范围内村民的经济收入主要源于种植业、水产养殖业及芦苇生产，耕地面积为 1400hm²。武清区内公路总里程为 1659km，其中乡村公路为 1236km。

（2）北大港湿地自然保护区与官港森林公园周围社会经济概况

北大港湿地自然保护区及官港森林公园范围内辖 5 街 3 镇，即胜利街、迎宾街、海滨街、古林街、港西街；太平镇、中塘镇、小王庄镇。2012 年底全区总人口 38.86 万人，其中非农业人口 28.11 万人，农业人口 10.74 万人。2012 年大港区全区国内生产总值 150.72 亿元，其中，第一产业生产总值 1.8 亿元，第二产业生产总值 80.13 亿元，第三产业生产总值 68.79 亿元，分别占全区国内生产总值的 1.2%、53.2% 和 45.6%。2012 年末实有耕地面积 13180hm²，农民人均年纯收入 11161 元。保护区内居民主要从事林果业生产，其次为种植业、养殖业。本区的主要特产为干鲜果品，有盘山柿子、板栗、核桃、酸枣、酸梨、苹果、沙果以及州河的鲤鱼、桑梓的西瓜等。随着生态旅游活动的兴起，目前已有多个村自发搞起了旅游业，保护区内的经济发展呈逐年增长态势，多种经营、集约经营已成为促进区内居民经济发展的根本出路。且为了提高收入，保护区周边许多村庄内办起了各具特色的农家乐，接待来自各地的游客，农家乐的建立起到了提高农民收入、刺激地方经济的效果，但农家乐建设时地基的挖掘、旅游人口产生的环境负荷对保护区构成一定的潜在威胁。此外，调查中还发现在保护区周边存在 12 处采石场，尽管多处采石场已被关闭，但原来的开采活动已经破坏了原有植被、地质构造和自然景观，造成土地裸露、水土流失，生态环境恶化。这些采石场的建设和运营对保护区地质遗迹的保护构成较大威胁。

整个湿地范围及周边的道路主要分为三类：省市级公路、主要道路和次要道路。省市级公路包括从北至南贯穿保护区二十里铺村段和小岭子村段的津围公路，自西向东经过保护区桑园村段、磨盘峪村段及花果峪村段的马平公路，以及南部邻近保护区的邦喜公路。保护区主要道路为经过保护区桑树庵村段和常州村段的马营公路。次要道路有若干条，主要是连接各个村庄与主要道路。

（3）七里海古潟湖湿地周围社会经济概况

宁河县境内属于七里海湿地核心区、缓冲区的范围有七里海镇、俵口乡、造甲城镇和北淮淀乡四个乡镇。2012 年末全县户籍人口为 387284 人，全年出生人口 3561 人。全年生产总值完成 228.86 亿元，其中第一产业增加值 23.49 亿元，第二产业增加值 113.04 亿元，第三产业增加值 92.34 亿元，耕地面积总计约为 21300hm²，实际可用耕地面积约为 15000hm²，占保护区总面积的 43.7%。建成区绿化覆盖率达到 41.18%。七里海古潟湖湿地缓冲区以耕地为主，有 2 个村落，实验区土地利用类型是以耕地为主的多种类型共存，其中有村庄 43 个，占地面积 2450hm²，占保护区总面积的 7.1%。

总人口 38.73 万。根据调查访谈等了解，研究区域内及周边的农林牧渔业高速发展，促进了当地经济的发展，同时形成了农业面源，牧业、渔业点源污染，如：农田、耕地排放带有农药、化肥残留的废水，牧场、养鱼池排放携带病菌、药物和激素的冲洗水、牲畜粪便，给保护区内水体带来过度的负荷；附近村落人的生活污水无组织、不经处理的排放，同样给水体带来过重的负载；村民生活产生的固体废弃物无组织、不经处理的排放，也给环境带来了污染。

保护区共有 4 条高速路通过，公路总长度 32km，有六条省级公路，总长度为52km，其余为县级公路及乡村路，总里程为 245km。

3.2 研究方法

3.2.1 基础数据获取方法

由于鸟类处于生物链顶端，其丰富度和分布状况能够在一定程度上反映出生态系统的健康状况和小环境的生物资源条件等，通常是生态修复中表述环境质量的重要指标[123]。鸟类生存的生境在宏观视角上是由场地所处的生物地理气候带、土壤条件、水文条件、受干扰程度等共同影响下所形成的；从栖息生境自身角度分析，植物是其关键构成要素之一，可以说植物的种类群落及其结构、丰富度等决定了栖息环境的内部结构[124]，因此植物要素是生态环境的决定性要素。

1. 田野调查方法的使用准则

本研究中鸟类丰富度及其栖息环境为主要研究对象，通过分析这两者之间的关系，得到影响鸟类丰富度的主要影响因子及重要栖息环境等，为湿地生态修复策略的优化提供依据。基于此，本研究对所选择场地中的鸟类种类及分布、植物种类及群落组成、人类干扰程度等方面进行了调研。

（1）样地的选择

在对植物进行调研时，需要选取场地内一部分作为"样地"，样地中的植物即为植物样本。样地的大小和形状与对整个场地植物估算的精确度有着直接的关系，而其大小和形状取决于所要研究的问题和待调研的物种自身特性。Kreb 等学者列出了在决定样地的大小和形状时的标准：

①样地的尺寸能够较为精确地在统计学层面反映出场地内的所有物种情况；

②所选择的样地中的物种在生态学层面，能够显示出场地内所有物种类别等相关信息；

③样地中的物种的信息便于统计和使用。

样地的形状取决于需要统计的精度以及不同生境斑块的覆盖、嵌套情况，有四个因素对样地形状的选择有着重要的影响作用：

①研究个体具有的可检测性；

②研究个体的分布情况；

③边缘效应；

④数据收集方法。

有研究表明，在进行调查时，长方形的样地通常比其他类型（如方形或圆形）的样地更具有有效性，但过长或窄向的长方形样地中物种交叉分布的可能性较高，不利于调查检测[125]。

（2）田野调研方法

对鸟类和样地内植物进行调研时，所用到的田野调查方法主要包括样点法和样线法。

①样点法：是观察者以某一确定的或标记的点为圆心，记录一定时间内一定半径范围内所要观察的物种数量及种类，以估量调查物种的密度等。样点法适用于调查物种的移动范围较小、体型较小且不易辨认的情况。需要注意的是对于繁殖季节的鸟类进行调研和数据统计时，成体鸟类的数量需要看见一只记录一对。

②样线法：是统计带状分布的植物或调查鸟类时常用的方法之一，样带通常沿带状场地设置，或垂直于某基准线设置。固定距离样线法和可变距离样线法是样线法中最常用的两种方法，本研究中主要讨论固定距离样线法。根据相关规则，统计样线两侧或某一侧所记录的物种信息。样线法通常用于物种密度较低、体型较大时的情况。样带法根据所要记录的数据类型，使用到了两种基本的记录方式和分析方法：a.垂直距离（x）或视距（r）；b.视角（θ）（图 3-1）。在使用样带法进行调研时，需要进行以下假设[125]：

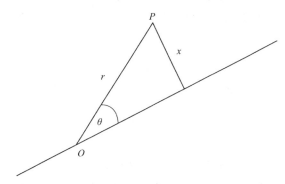

图 3-1　样带法的两种记录方式，垂直距离（x）、视距（r）及视角（θ）

（图片来源：根据参考文献 [123] 绘制）

①样带两侧（或一侧）的调研主体能够被 100% 发现；

②调研主体在观察者移动前并没有来回移动（尤其在动物的移动频率等为变量时）；

③调研主题不会被多次计算；

④调研时测量间距误差在合理范围内；

⑤有效样带全都在验证场地范围内，即所测量的数据都是验证场地范围内的。

用样带法进行测量统计时，调研主体的密度（D）可表示为：

$$D = N/（2LW）$$

式中，N 为样带内所记录到的所有调查物种的个体数，L 为样线的长度，W 为样线的单边宽度。

2. 田野调查中样点与样线的设置方法

为了获取研究所需的鸟类丰富度及生境质量相关基础数据，在研究前期需要对场地进行田野调研。在进行鸟类及植物群落等信息的调研统计时，场地内样方数量的设置与场地的面积成正比，即研究场地的面积越大，所设置的样方数量越多。同样面积越大，每种生境斑块内所布置的样点的数量越多，样线的长度越长。本研究中的调研主要从鸟类及植物两方面入手，总体调研基于样点法与样线法相结合的方法，具体设置及统计计算等方法如下文。此外，在获取一手数据后，还需结合湿地勘查及遥感影像数据等对场地内现状栖息环境进行划分，绘制出鸟类生境类型图，为后文中分类分析做基础。

（1）鸟类田野调查方法 [①]

鸟类的调查方法通常有样线法、样点法、标图法、标记重捕法、鸣声回放法、聚集地调查法等。其中样点法（Fixed-Radius Point Counts）与样线法（Fixed-Width Transects）是最常用的两种方法 [126, 127]。样点法是研究者选定相互间隔的观察点后，记录一定半径范围内所发现的鸟类。半径范围的设定是根据场地的大小及生境特征等，尽量避免重复计算鸟类；样带法需要设置为长方形的，沿着某种生境斑块布置的样带，观察者以一定的速度沿着样带中心线行进，并记录样带两侧所观察或听到叫声的鸟类 [128]。

本研究主要采用样点法与样带法相结合进行鸟类调查，调查人员在 2011 年 5 月、6 月、12 月，2012 年 5 月、6 月、9 月、10 月、11 月，选择天气晴好的时间，对四处研究区域内的夏候鸟、冬候鸟、留鸟及旅鸟等进行了调查，每个时间段调查至少 5 次。在每次调查中，样点设置在湿地不同生境斑块内，每种生境内各设置 2 ~ 4 个样点。随着季节变化，植物状态等发生变化时，合并或增加观察点。每次调查时在每个点停留 15 ~ 20min，记录 25m 半径内所看到、听到的鸟类种类数及个体数量。鸟类数量较少时采用直接记数法，较多数量同时出现时取一处视野范围内数据，然后推算整个视野内的数量和种类。样带设置在带状分布的树林灌木、草地、盐地沼泽及芦苇沼泽斑块内，该类斑块主要分布于道路两旁、连续的开阔水面边缘或场地边缘等处。4 个场地内各设 8 条样带。其中大黄堡湿地及七里海湿地内的每条样带长 1km，宽度单侧约为 150m；官港森林公园内每条样带长 0.6km，宽度单侧约为 50m；北大港湿地内每条

---

① 文中用到的鸟类调查数据除笔者调研所得外，还参考了天津市环保局提供的往年调查数据。

样带长 2km，宽度单侧约为 150m。调查行进速度为 1 ~ 1.5km。根据鸟叫声及照片拍摄辨别鸟类，并记录鸟类在每种生境出现的个体数及种类数，统计计算时取平均值。

（2）植物群落田野调研方法 [①]

2012 年 4 月至 7 月，在研究所涉及的场地内及周围进行田野调查。选择不同类型生境的典型植物群落样方，每处湿地取约 100 余处样地。其中每一个样地的样方数目为：乔木 2 个、灌木 3 个、草本 5 个；乔木样方为 20m×20m，灌木样方为 10m×10m，草本样方为 1m×1m。样线的长度和数量为：草本 6 条 10m 样线；灌木 10 条 30m 样线；乔木 10 条 50m 样线。记录植物种类、高度、密度、盖度等信息，并甄别野生或人工种植，以确定植物群落的多样性水平。

3. 鸟类生境类型识别与制图

对鸟类生境的识别采用遥感影像解译法和实地勘察法。利用 Landsat-8 遥感影像图，精度为 30m，分别截取四处湿地所在范围内 2012 年的图像，将图像处理后进行分析。遥感影像图上识别四处湿地的生境斑块类型、植被分布及覆盖情况等信息，采用实地勘察法验证，最终绘制出四处湿地内的各类生境分布图。

3.2.2 数据分析方法

1. 鸟类多样性指数

Michael[86] 等学者将以相似的方法使用同一级别环境资源的一组物种定义为"共位群（Guild）"。根据实际观察及文献查阅可知，不同种类的鸟拥有相似捕食方式，同时这些鸟类在进行栖憩、筑巢、繁衍等活动时所选择的生境类型亦具有相同或相似，因此在本文中将这些具有相同捕食方式且对生境的选择亦相同的鸟类定义为一种共位群。

本研究中主要采用 Patrick 丰富度指数（S）及共位群丰富度（Guild Richness）。Patrick 丰富度指数即为物种丰富度指数（Species Richness），描述生境内鸟类物种的丰富程度，该指数由于其直观性被广泛使用 [129, 130]。

2. 模型构建——Lasso 回归分析

由于鸟类观察点及植物样方的具体位置是在各生境内随机选取的，因此对应的各因子取值也存在随机性。在分析前需要对数值进行 t 检验，以确保数据呈正态分布。对于非正态分布的数据，采用对数转换法进行转换 [131]。

首先对各因子进行相关性分析，以确定每个因子之间的相互独立性。使用 R 软件并调用 graphics package 绘制成对散点图（Pairwise Scatterplot）。如研究中选择 n 个因子，则 pair（n）将 n 列数据与 n 行数据两两相对形成散点图，一共形成 n（n-1）个图，并以阵列形式显示。

---

① 文中用到的相关植物调查数据除笔者调研所得外，同时参考了天津市环保局提供的往年科学考察报告中的调查数据；

在建立模型时，使用运行在 R 软件中的 Lasso（Least Absolute Shrinkage and Selection Operator）回归，并调用 glmnet package 实现。该算法在回归分析中有着预测精度高，相关预测变量选择准确的特点，因此更符合本研究中利用有限数据进行准确预测的目的 [132, 133]。Lasso 回归的基本思路是对回归系数进行约束，使得残差平方和最小，从而使得某些自变量的回归系数被压缩至零，从而选择出重要自变量。Lasso 的运行过程是估计参数和变量选择同时进行的，其参数估计的定义如下：

$$\hat{\beta}^{lasso} = \arg\min \left\{ \sum_{i=1}^{N} (y_i - \beta_0 - \beta'x_i)^2 + \lambda \sum_{j=1}^{J} |\beta_j| \right\}$$

式中，N 为样本量；$y_i = (i = 1, 2, \cdots, N)$ 表示结果；$x_i = (x_{i1}, x_{i2}, \cdots, x_{ij})'$（$i = 1, 2, \cdots, N$）为样本矢量；$\beta = (\beta_1, \beta_2, \cdots, \beta_j)$ 为第 x_i 的协变量；β_0 为截距，可定义为 $\bar{y} - \bar{x}'\beta$；λ 为拉格朗日乘子，亦为惩罚系数；$(\cdot)'$ 表示向量的转置。

研究中用参考场地相关因子的取值对模型进行训练，最终得到均方误差（MSE）最小时的重要因子及相关算法；利用验证场地中的数据，代入模型算法中进行交叉验证，以预测模型的有效性和准确程度。

3.2.3　场地选取方法

本研究中共涉及四处湿地生态系统，其中三处湿地生态系统为"参考场地"，一处湿地生态系统为"验证场地"。

1. 参考场地的选择方法

Benayas 等学者将参考场地（Reference Ecosystem）定义为：那些生态环境未受到干扰的湿地环境，即不需要进行修复的湿地。在传统的生态修复方法中，参考场地通常是与待修复场地生态条件相似，地理位置邻近，且系统自身条件良好，能够持续健康运行的相通生态系统 [134]。图 3-2 所示为 Patrick Mooney 教授在进行湿地生态系统修复时，将位于待修复场地附近的小块未受损地块视为参考场地。此外，参考场地还需在某些方面与待修复场地存在明显的不同，如场地尺寸、位置、生境等。如果由不同环境条件下的场地建立的模型依然能够较为准确地预测验证场地内相关情况，则可以说明所建立的模型具有可推广性。具有这些条件的场地则可作为修复工作中的参考或修复标准，即待修复场地的生态群落构建、生境状况改善等方面将按照参考场地现状为标准，且可根据其现有条件进行量化的统计和模型的建立。

然而由于我国湿地退化或受损情况较为严重，很难找到完全未受到破坏和干扰的湿地。尤其在天津滨海地区，人类活动频繁，发展较快，湿地环境受到的人类干扰较大，因此在本研究中"参考场地"将无法完全按照原有方法，即其无法起到作为标准的作用，而是通过与验证场地进行对比，确定现状条件下各环境条件更好的场地。文中所选择的三处参考场处于相同季候区域，有着相似的自然环境条件和周围的环境状况，以及生境类型等，然而三处湿地面积不同，生境条件有优劣之分，植物种类略有不同，人类干扰程度亦不相同，因此具备良好的"参考场地"条件。

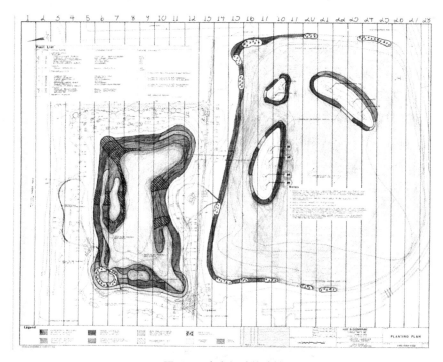

图 3-2 参考场地的选择

（图片来源：由 Patrick Mooney 提供）

2. 验证场地的选择方法

验证场地（Validation site/Study site）通常为既定的场地，可选择性较小。验证场地可选择一个或多个场地，若为多个，则需要所选择的场地在地理位置、生物地理条件、场地面积、植物种类及群落结构、人类干扰程度等方面尽量相似，以控制模型建立时的不确定性。

与参考场地相似，需要对其基本环境条件进行实地的全面调研与分析，关于所有场地的生态状况描述见第 5 章。选定描述生态系统环境条件的因子后，将参考场地、验证场地中的各项条件对应各因子进行量化处理，可以明确看到两种场地在相应方面的差异，同时也是模型建立时的有效数据。

3.2.4 典型案例分析法

加拿大景观生态设计师 Patrick Mooney 对温哥华地区枫木浅滩保护区（Maplewood Flats Conservation Area）、北温凯茨公园（Cates Park，North Vancouver）、满地宝海岸线公园（Shoreline Park，Port Moody）及德尔塔市阿列克申国家野生动物保护区（Alaksen

National Wildlife Area，Delta）中的生境及其中分布的鸟类进行了研究。前三处场地为参考场地，所获取的相关数据用于建立模型；最后一处场地为验证场地，其中的数据用于验证模型。本研究的目标主要为提高栖息生境内物种多样性，而鸟类则被作为指示物种进行了调研分析[135]。

通过实地调研后，Patrick 对各湿地场地内的植物种类及分布情况、土壤条件等进行了归类和总结，表 3-1 为四处场地中的土壤质量及基本环境情况。通过对湿地中的生境类型进行总结，绘制出了四处湿地内的生境分布图（图 3-3 ~ 图 3-6），对于每种生境中植被情况进行了调研和统计（表 3-1 及表 3-2）。此外，还对鸟类进行了田野调查后共观测到 104 种，且根据鸟类觅食方式将其分为 12 个类别，同时按照鸟类的居留型分别归纳出了不同季节内每种鸟类对生境斑块的使用情况。

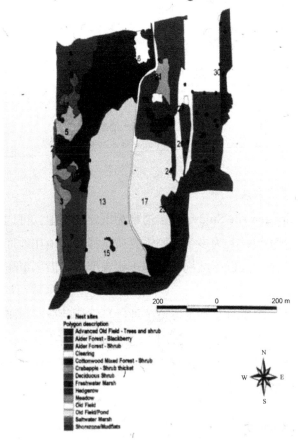

图 3-3　枫木浅滩保护区生境分布图 [①]

（图片来源：由 Patrick Mooney 提供）

---

① 原始图片质量较差，具体内容可参考文献 [5] 中的文字介绍。

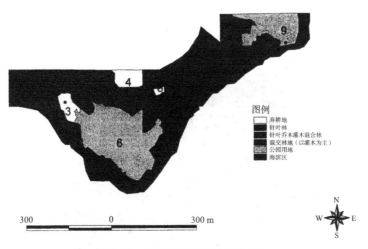

图 3-4　北温凯茨公园生境分布图

（图片来源：根据参考文献 [5] 改绘 [①]）

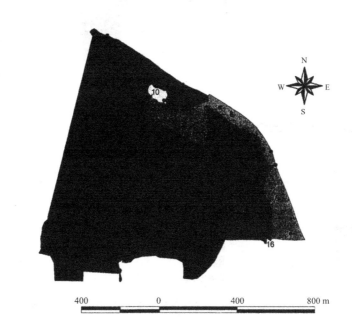

图 3-5　满地宝海岸线公园生境分布图

（图片来源：根据参考文献 [5] 改绘 [②]）

① 原始图片质量较差，具体内容可参考文献 [5] 中的文字介绍。
② 原始图片质量较差，具体内容可参考文献 [5] 中的文字介绍。

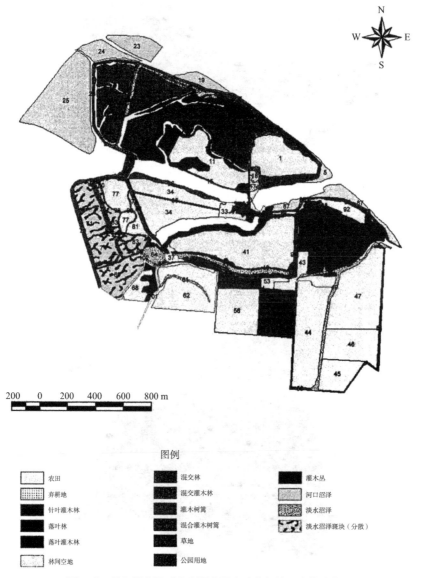

图 3-6　德尔塔市阿列克申国家野生动物保护区生境分布图

（图片来源：根据 Patrick Mooney 提供的资料改绘）

四处湿地的主要环境特征　　　　　　　　　　表 3-1

场地名称	面积（hm²）	降雨量（mm/年）	土质	优势物种	湿地类型
枫木浅滩保护区	27	1900～2000	排水困难、土质坚硬	落叶林	受潮汐影响的泥滩
凯茨公园	37	1900～2000	排水良好	老龄混交林与针叶林	受潮汐影响的泥滩
海岸线公园	22	1900～2000	排水良好	老龄混交林与针叶林	受潮汐影响的泥滩
阿列克申国家野生动物保护区	283	1000	冲积粉土	混交林与针叶林	受潮汐影响的泥滩和河口湿地

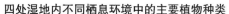

四处湿地内不同栖息环境中的主要植物种类　　　　　表 3-2

生境类型	生境结构	优势物种	下层植物
落叶林	以木本乔木和灌木为主，上层有落叶树遮蔽	红桤树、黑三角叶杨	美莓、印第安李树、黑莓
混交林	针叶树、落叶树以及当地灌木混合生长	红桤木、黑三角叶杨、大叶槭、异叶铁杉、北美乔柏	美莓、印第安李树、香莓
针叶林	针叶树为主，少量落叶树	异叶铁杉、北美乔柏、花旗松、北美冷杉	美莓、香莓、小叶越桔、印第安李树
公园地	疏林草地，包括其间的混交林地		
淡水沼泽	挺水植物、高处为木本植物	香蒲、四照花	
咸水沼泽	耐盐碱草本植物、木本灌木	盐草、全缘叶胶草	总苞忍冬、野苹果
河口沼泽	耐水湿、耐盐碱植物	隐果苔草、藨草	
海滨区	碎石沙滩和大面积泥地		
弃耕地	草地中分布了小型草本植物到大型木本乔木、灌木等		美莓、柳树、野苹果
牧场	开放的未收割的禾本及非禾本草类		
林间空地	开放的非植被区域，如砾石、混凝土、沥青		
灌木林	丛状灌木植被	野苹果、绣线菊	努卡特蔷薇、总苞忍冬、美莓
灌木树篱	由落叶乔木、灌木和混交组成的线性斑块		红桤树、黑莓、常绿黑莓

　　在这项研究中，选用物种丰富度、共位群丰富度、鸟类香浓丰富度指数及帕克指数等为因变量，用以量化鸟类的丰富程度；对于各生境状况的量化分析中，选择了面积、斑块周长与面积的比值、斑块中是否有水面分布、能作为食物的植物种类数、水平斑块丰富度、竖向层次、树冠郁闭度、林冠层丰富度、灌木高度、灌木丰富度以及伴生灌木种类数等，作为环境因子（即模型建立中的自变量）。可以看出，这项研究中植物的竖向和横向层次较为丰富，能够为鸟类提供丰富的生态位及营巢条件。通过环境因子与春夏秋冬四个季节中，对四项鸟类丰富度指数分别进行相关性分析得到相关性高的环境因子，并利用选出的环境因子进行回归分析，得到每个鸟类丰富度指数下的每个季节的模型与方程关系。

　　Patrick 教授的研究中利用各类生境斑块的面积加权值及鸟类所占用的面积比例得出鸟类在各类生境中的出现频率值，从而得到每种鸟类的最重要生境类型及次要生境类型。此外，利用聚类分析法，现状栖息生境根据类型的相似程度被划分为 3 类栖息地类群，即：①落叶林、混交林、公园地；②海滨区、弃耕地、草地；③弃耕地、咸水沼泽、淡水沼泽。研究发现，栖息地类群①中植物丰富度最高，且所吸引的鸟类亦最多，因此在该区域内落叶林、混交林和公园的组合为最丰产的栖息生境，即在保持鸟类多样性方面价值最高。

　　这项研究的结论可被用于生境重建选址和生境结构、环境因子等方面的调整。且相关研究成果在对枫木浅滩保护区的栖息生境恢复与物种丰富度提高项目中得到了应用，结合合理的工程技术手段，最终取得的效果较为理想，设计前与项目完成后的对比如图 3-7 所示。

修复前

修复后

图 3-7　场地设计前与项目施工完成后实景对比图

（图片来源：Patrick Mooney 提供）

3.3　小结

由于本研究中所选用的场地是均处于天津市周围的滨海湿地类型，本章首先对场地所处的天津地区的整体概况进行了论述；对文中所选取的大黄堡湿地、北大港湿地自然保护区、官港森林公园及七里海古潟湖湿地共四处湿地生态系统进行了较为详细的概况描述，在对自然条件概况进行描述时，由于北大港湿地自然保护区和官港森林公园在地理位置上分布较近，因此将两处湿地放在一起讨论。对于四处湿地生态系统的自然环境，主要是对其气候条件、地形地貌和水文条件三方面进行描述。可知该四处湿地生态系统均处于暖温带湿润大陆性季风气候区，基本特点为夏季高温潮湿，冬季寒冷干燥，因此动植物会有"冬眠"现象；且四处湿地为河流入海及退海岸形成的潟湖湿地，地势低洼，区域内盐碱度较高，因此对植物种类要求较高；虽然每处湿地周围的河流较多，但由于近年全球变暖及人工用水等的增加，缺水现象加剧，尤其夏季更为明显。

地形地貌是整个生态系统的形成条件及各类自然资源分布的根本；水文条件是湿地生态系统最为基本的资源，亦是其中万物生长生存的必要条件，水文条件的状况直接影响着其中各类生物的种类、数量及质量等；气候条件是更大范围内经年累月所形成的自然状况，包括降雨量、蒸发量、湿度等方面的内容。这三方面的条件构成了湿地生态系统自身的形成特点；此外还包括四处场地的土壤状况及周围社会经济概况。由于天津地区地处渤海湾附近，湿地多为海洋成陆过程中遗留的洼地，其土壤条件与内陆土壤有差别，文中在对土壤条件进行描述时，主要根据针对各湿地所进行的科学考察结果，对其中的土质、孔隙率、酸碱程度等进行了概括。在对首位社会经济概况进行总结时，主要对每处湿地所在地周围临近的村庄进行了统计，并说明了在进行田野调查的同一年内所在地主要的县或乡等一级的产业状况和收入情况，以及当前周围居民主要的收入和所从事的农业活动等，从而能够为湿地生态系统修复后，人为种植方面可能存在的积极策略进行建议。

本研究中主要采取的方法包括基础数据的获取方法、数据分析方法、场地选取方法及典型案例分析方法等。基础数据的获取方法主要是针对所要研究的湿地生态系统内的鸟类、植物及其他生物所进行的田野调查方法。样地的选择及样点法、样线法是田野调查中常用的调研方法，亦是研究中所用到的基础数据的主要获取途径。本部分论述中除了对上述方法的原则及标准进行了阐述，同时详细论述了样地的选择与大小、样点的设置及样带的布置等内容；数据分析方法主要是利用所获取的基础数据，对建立模型所需要的鸟类丰富度及栖息环境质量进行量化的过程；由于湿地生态系统修复的特殊性，本研究中提出了"参考场地"及"验证场地"两种场地类型，其中"参考场地"为本研究的创新点之一，文中对此进行了对比论述；在典型案例分析法中，选取了 Patrick Mooney 教授对相应的四处湿地生态系统进行的研究为例，旨在描述景观规划设计师在进行生态系统修复相关工作时的步骤和方法，为本研究提供依据，同时为具体修复方案的制定提供了重要参考。

第4章

鸟类丰富度及环境影响因子

4.1 鸟类群落组成分析

4.1.1 鸟类群落分类方法

鸟类作为湿地生态系统中食物链顶端的物种，其多样性是整个生态系统健康与否的重要指标，亦可以将鸟类资源的群落组成和变化趋势等作为湿地生态系统修复等策略制定的重要依据，因此对于鸟类的调查是本研究的重要基础。根据不同的划分标准，鸟类有以下几种划分方式：

1. 物种组成

通常动物的分类系统从上到下一共有 7 个层级，分别为：界（Kingdom）、门（Phylum）、纲（Class）、目（Order）、科（Family）、属（Genus）、种（Species）。本研究中通过目、科、种三个层级对 4 处湿地中所观察到的鸟类进行了统计和分类[136]。实地调查显示，参考场地共记录到 15 目、31 科、131 种鸟类，验证场地共记录到 12 目、23 科、78 种鸟类（见附录 2.1）。四处场地共记录 30351 鸟次，其中树麻雀常见种数量占总数量的 36.67%，数量排序前 20 的种类数量占总数量的 76.8%。其中 33 种仅记录到 12 鸟次以下。在所记录的鸟类中，被列为中国濒危动物红皮书的共有 4 种，国家重点保护鸟类为 14 种。

2. 区系组成

根据动物区系的划分方法，目前沿用将鸟类划分为古北界、新北界、新热带界、旧热带界、东洋界和澳洲界六个区域。其中古北界的范围包括撒哈拉沙漠以北的非洲、欧洲大陆、中亚以及包括西伯利亚在内的亚洲大陆北部地区；新北界的范围包括格陵兰、加拿大、美国、墨西哥高地、中美洲及部分加勒比海群岛等地区；新热带界的范围包括整个中美、南美大陆、墨西哥南部以及西印度群岛等；旧热带界范围包括撒哈拉沙漠以南的非洲大陆、北回归线以南的阿拉伯群岛、马达加斯加及附近岛屿等；东洋界的范围包括印度、马来西亚、秦岭以南的亚洲、印尼西部、新几内亚附近的岛屿等；澳洲界的范围包括大洋洲各地。中国的动物区系为古北界和东洋界。中国的鸟类根据区系划分为广布种、东洋种和古北种。调查的鸟类中古北种数量较多，因此可以说对鸟类而言，古北界成分占优势[137]。

3. 生态类群

根据鸟类偏好或能够适应的生态环境，将鸟类一共划分为 8 类，出现在中国的鸟类占其中 6 类，分别为游禽类、涉禽类、猛禽类、攀禽类、鸣禽类、陆禽类。游禽类常在水中活动，如潜入水中或漂浮于水面，并在水中捕食；涉禽类通常腿较长或嘴较长，能够在较深的水中获取食物，但不善于游泳等直接在水中的活动，只能涉水生活；

陆禽常在地面行走，可飞翔或不能飞翔，主要在地面行走啄食等；猛禽类通常具有锋利的嘴或爪，能够高空飞翔，具有攻击性，以捕杀其他小型动物为食；攀禽类通常生活在树干、岩壁等处，可在垂直方向进行攀援活动；鸣禽类善于鸣叫，并通常能够自己筑巢，而非占用其他鸟类的巢穴。此外，在鸟类作为一种动态景观存在时，鸣禽类的叫声亦为场地内独有的声音景观，这一特点可作为景观设计规划的重要使用方式。

4. 居留型分类

根据文献查阅与资料统计，可将记录的鸟类根据居留型分为 4 种，即：留鸟、夏候鸟、冬候鸟、迁徙鸟。留鸟即为长期生活在天津滨海湿地周围，不进行远程迁徙的鸟种；夏候鸟和冬候鸟同属于候鸟，夏候鸟为夏季飞来此处繁殖、冬季离去的鸟类，而冬候鸟为冬季来繁殖、夏季离去的鸟类；迁徙鸟为迁徙途中路过该处，在此短暂停留或不停留的鸟类。这种划分的目的是为辨别出鸟类在验证场地中对于生境的使用方式，即在生境中主要的活动方式，如短暂休憩、繁殖、营巢、觅食等方式中的一种或几种，为后文中需要营建鸟类的栖息小环境时，用以确定该以某种鸟类的生存停留环境、繁衍营巢环境或是觅食环境中的一种或几种为设计标准和依据。需要注意的是对于鸟类来说，由于其在迁徙途中消耗时间较长，对它们来说"夏季""冬季"并不与人为规定的夏季（6 月、7 月、8 月）或冬季（12 月、1 月、2 月）严格对应，稍前或稍后的情况亦很常见。

5. 受威胁等级

根据鸟类的受威胁程度，各国对其进行了相关界定和等级划分，本研究中所涉及的鸟类受威胁等级主要有国家一级保护野生动物、国家二级保护野生动物、中国濒危动物红皮书界定的鸟类种类、世界自然与自然资源保护联盟（IUCN）界定的鸟类种类、濒危野生动植物国际贸易公约界定的鸟类种类、中华人民共和国政府和澳大利亚政府保护候鸟及其栖息环境的协定（即为中澳候鸟保护协定）规定的鸟类种类、中华人民共和国政府和日本国政府保护候鸟及其栖息环境（即中日候鸟保护协定）规定的鸟类种类。其中前 5 种规定中所界定的鸟类为其生存已经受到威胁、濒临灭绝的种类。后两种为需要对其进行保护的鸟类，但并未到濒临灭绝的程度。

4.1.2　鸟类田野调查与分析

本研究中首先根据物种组成和居留型的划分标准，对鸟类进行了划分。根据实地调研及文献记录调查到的 131 种鸟类，其科属信息如表 4-1 所示。

		田野调查到的所有鸟类情况		表 4-1
序号	目	科	种数	数量比例（%）
1	鸊鷉目	鸊鷉科	4	0.039
2	鹈形目	鸬鹚科	1	0.858

序号	目	科	种数	数量比例（％）
3	雁形目	鸭科	17	17.74
4	鹳形目	鹭科	10	6.958
		鹳科	1	0
		鹮科	2	0.013
5	鸻形目	反嘴鹬科	2	1.602
		鸻科	7	0.971
		鹬科	16	5.378
6	鸽形目	鸠鸽科	4	3.318
7	佛法僧目	戴胜科	1	1.933
8	雀形目	鹡鸰科	5	4.598
		鸦科	2	37.278
		鸫科	3	0.845
		雀科	1	0.388
		燕科	2	1.315
		鹀科	1	3.301
		攀雀科	2	1.611
		伯劳科	2	0.008
		卷尾科	1	0.47
		鹟科	1	0.509
		莺科	4	2.992
9	鸮形目	鸥鸮科	4	0.008
10	鴷形目	啄木鸟科	4	0.666
11	鹃形目	杜鹃科	2	2.987
12	鹤形目	鹤科	1	0.004
		秧鸡科	2	2.939
13	鸥形目	鸥科	8	0.797
14	隼形目	鹰科	13	0.06
		隼科	5	0.013
		鹗科	1	0.004
总计	14	31	131	100

其中：鹡鸰科多为迁徙鸟，仅小鹡鸰为夏候鸟，多生活在芦苇丛或水边的杂草丛中，亦出现在沼泽、池塘等处，主要以水生昆虫及其幼虫、甲壳动物、软体动物、小鱼、小草等为食；

鸬鹚科仅有鸬鹚1种鸟类，为迁徙鸟，常成群结队活动在开阔水面、池塘附近捕食，在芦苇丛中或近水的矮树上营巢，食鱼类及甲壳类动物；

鸭科多数为迁徙鸟，仅 1 种为夏候鸟，1 种为冬候鸟，常小群集结漂浮于水面上，或游荡于水边的岸边、水库附近等，偶尔在疏林下层、农田亦可见，有些为食植物型，主要以水生植物的叶、茎、种子、根等为食，如大天鹅等，有些食动物，如小鱼、软体动物、甲壳类动物等，如普通秋沙鸭；

鹭科多为夏候鸟，主要在芦苇沼泽、盐地沼泽、池塘等水边或浅水环境内活动，亦偶见于近水的树林中或果园中，常与鸬鹚混在一起，主要以小鱼、蛙、蜥蜴、水生昆虫、甲壳类动物、软体类动物等为食；

鹳科中仅东方白鹳一种鸟类，为迁徙鸟，此次调查中并未出现，根据以往记录曾出现在沼泽、水塘等浅水区域，或疏林灌木、水稻田等处，以植物种子、叶、草根等为食，有时也食用鱼类，到夏季时则以鱼类为主，同时食用鼠、蛙、蜗牛、节肢动物、软体动物、昆虫及其幼虫等；

鹮科内共 2 种鸟，白琵鹭与黑脸琵鹭，均为中型涉禽，迁徙鸟，常栖息于水塘、沼泽湿地、芦苇丛、农田等地，主要以小鱼、虾、蟹、昆虫及其幼虫、软体动物、甲壳类动物等为食；

反嘴鹬科中仅包含反嘴鹬、黑翅长脚鹬 2 种鸟类，均多数为迁徙鸟，偶见黑翅长脚鹬为夏候鸟，常见于芦苇沼泽、盐地沼泽中，或水塘、农田附近，主要以小型甲壳类、水生昆虫及其幼虫、蠕虫、软体动物等小型无脊椎动物等为食；

鸻科为中小型涉禽，多为迁徙鸟，2 种为夏候鸟，常栖息于芦苇沼泽、盐地沼泽、开阔水面等浅水区域，多以软体动物、鱼虾、昆虫、杂草等为食；

鹬科为中型或小型涉禽，多为迁徙鸟，仅 1 种为夏候鸟，常在沼泽、开阔水面边缘等地活动，在水面下或泥地中觅地食物，以无脊椎动物为食，如鱼虾、甲壳类、软体动物、昆虫等，有时也食植物；

鸠鸽科中有珠颈斑鸠、岩鸽、欧斑鸠、山斑鸠 4 种鸟类，前两种为留鸟，欧斑鸠为迁徙鸟，山斑鸠为夏候鸟，常成群活动于疏林灌木丛、果园、谷物农田等地，亦栖息于树枝、电线杆等处，以植物种子、果实等为食，如稻谷、玉米、芝麻、油菜、豌豆等；

戴胜科仅有戴胜 1 种鸟类，为迁徙鸟或夏候鸟，常见于林缘、果园、农田、村庄等地，偶尔见于芦苇沼泽丛中，主要以昆虫及其幼虫、小型无脊椎动物为食，如金龟子、蝗虫、蛾类、蝶类等；

鹡鸰科多为迁徙鸟，2 种为夏候鸟，常栖息于水边草地、疏林灌木、路边或农田等生境内，常以昆虫为食，如蝗虫、甲虫、蜘蛛、蜗牛等，也食用杂草种子、谷物等；

鸦科种有树麻雀、喜鹊 2 种鸟类，为常见留鸟，数量众多，且随处可见，常成群出现，食性较杂，食谷粒、杂草种子等，亦食昆虫及其幼虫；

鹀科中有小鹀、灰头鹀、芦鹀两种，为迁徙鸟或冬候鸟，常栖息于杨树、柳树及灌木丛中，在草地、农田等生境内亦可见，常以草籽、植物种子等为食，偶尔吃昆虫及其幼虫；

雀科中仅有苇鹀1种鸟类，为冬候鸟，常在芦苇丛中、疏林灌木中出现，亦出现在草地、树枝上觅食，以芦苇种子、杂草种子为食，越冬时食用昆虫、虫卵等，少量食用谷物类；

燕科包括树鹨、家燕2种鸟类，数量众多，成群结队，几乎随处可见，尤其家燕常出现在屋檐下或停留在电线杆上，其中树鹨为迁徙鸟，家燕为夏候鸟，主要以昆虫及其幼虫为食；

鸫科仅有北红尾鸲1种鸟类，为冬候鸟或迁徙鸟，主要栖息于低矮树丛、果园中，常以昆虫及其幼虫为食；

攀雀科包括攀雀、云雀2种鸟类，其中攀雀为迁徙鸟，常栖息于芦苇丛中或树枝头等生境内；云雀为冬候鸟，常见于开阔的生境中，如草地、路边或农田中，有时也栖于树枝上，主要以甲虫类、蛾类及其幼虫、蜘蛛等昆虫为食；

伯劳科共包含红尾伯劳、灰伯劳2种鸟类，多数为迁徙鸟，但亦见少数灰伯劳为冬候鸟，数量较少，可见于疏林灌木、果园等生境内，有时栖息于电线杆上，常以大型昆虫、蛙类、蜥蜴、小型鸟兽等为食；

卷尾科仅包含黑卷尾1种鸟类，多为留鸟，常成群结队出现，在开阔草地、疏林灌木、经济林等生境中出现，有时停留在电线杆上，常在椿树上营巢，主要以昆虫、飞虫为食，如蝗虫、蚂蚁、蛾类等；

鹟科中仅有红喉姬鹟1种鸟类，为迁徙鸟，主要栖息于疏林灌木及其下层环境或近水的小树上，主要以昆虫、昆虫幼虫为食，如金龟子、蛾类等；

莺科均为迁徙鸟，少数可见为夏候鸟，常见于芦苇沼泽、灌草丛、果园中，主要以昆虫及其幼虫为食，也食用蜘蛛、蚂蚁等无脊椎动物或杂草种子等；

鸱鸮科共4种鸟类，均为夏候鸟，且为夜行猛禽，偶见于农田、疏林灌木、果园中，常以鼠类为食，亦捕食昆虫、小型鸟类、蜥蜴甚至鱼类等；

啄木鸟科多为留鸟或夏候鸟，常攀援于树干上，以隐伏于树干中的天牛、透翅蛾等虫类为食；

杜鹃科包括大杜鹃、四声杜鹃2种鸟类，均为夏候鸟，常隐伏在树叶间，常捕食昆虫、金龟甲、蜘蛛、螺类等，偶尔吃植物种子；

鹤科仅有灰鹤一种鸟类，为夏候鸟，国家二级保护动物，常见于水生植物丛中、草地、农田、灌木丛、水面边缘等处，主要以植物叶、茎、嫩芽、谷粒、玉米、软体动物、昆虫等为食，有时也捕食蛙类、鱼类等；

秧鸡科包含骨顶鸡、黑水鸡2种鸟类，均为夏候鸟，常见于开阔水面、芦苇沼泽、池塘等有水生植物的生境中，食性较杂，主要以植物为食，如水中植物的叶子、嫩芽、水草等，有时亦捕食小鱼、昆虫、蠕虫、软体动物等；

鸥科中有 4 种鸟类为夏候鸟,其余为迁徙鸟,常见其飞掠水面,或在池塘、芦苇沼泽、近水林缘等处活动,常以鱼虾为食,亦有食腐食的物种,其中遗鸥为国家一级保护动物,极其少见;

鹰科多为迁徙鸟,仅 3 种为夏候鸟,且多为猛禽,常在高空飞行,亦见于农田、果园等处捕食,以鼠类、小型鸟类、兽类等为食,有些以昆虫、爬虫类为食,且多数为我国受保护鸟类;

隼科多为迁徙鸟,但黄爪隼、红隼为夏候鸟,数量较少,见于农田、疏林灌木、果园中,常占用喜鹊、乌鸦等鸟类筑好的巢,主要以小型脊椎动物、蛇、雀形目鸟类、蛙等为食,亦食用蝗虫、蟋蟀等昆虫;

鹗科仅有鱼鹰一种鸟类,为迁徙鸟,主要活动在水库、池塘等生境内,多以鱼类为食,有时捕食小型鸟类、陆栖动物,蛙、蜥蜴等;

根据鸟类居留型,它们在不同生境中出现的种类数如表 4-2 所示,可以看出在天津滨海湿地区域内及周边出现的鸟类多数为迁徙鸟。

不同居留型鸟类在各类型生境中出现的种数　　　　　　　　表 4-2

	FM	SM	WA	ME	ST	OR	AF	BRs
留鸟	3/1	1/0	1/1	0/0	6/3	3/1	4/2	2/1
夏候鸟	25/19	22/16	24/20	13/12	18/14	5/3	13/8	2/2
冬候鸟	3/3	0/0	1/1	1/1	4/4	3/3	2/2	1/1
迁徙鸟	59/38	46/31	48/34	39/30	38/24	16/8	22/10	4/2
总数	90/61	69/47	74/56	53/43	66/45	27/15	41/22	9/6

注:表中数据为参考场地种类数 / 验证场地种类数。

4.1.3　鸟类共位群组成

上文中将具有相同捕食方式的鸟类划分为相同的"共位群",相同共位群中的鸟类具有相同生境选择偏好及食物选择偏好。因此对鸟类共位群的研究是将鸟类进行聚类分析后,与生境直接对应,以反映该地区鸟类对生境的偏好程度。根据共位群划分标准,通过实地观察及相关文献查阅,将调查到的鸟类一共划分为 11 个共位群:

1. 潜水类

这类鸟通常通过跳水潜入不同深度的水中捕食,主要以鱼、虾、昆虫等为食,常见于开阔水面、芦苇丛或其他水草丛中,如鸊鷉、鸬鹚等。

2. 涉水捕食类

常在浅水区漫步涉水觅食或飞越沿海浅水追捕猎物,并将脚探入水中搅动后捕食受到惊吓的鱼等,常见于农田附近、鱼塘、浅滩、芦苇湿地边缘等地,如白鹭、黄斑苇鳽等。

3. 探查类

这类鸟通常嘴尖且长，在水面下或泥潭、沙滩表层下获取食物，亦可能在浅水区或水塔附近觅食，常见于开阔水面、芦苇沼泽、盐地沼泽、鱼塘、水田等处，如鸻科、鹬科、戴胜等。

4. 水面捕食类

漂浮于水面上，捕食时将头埋入水面、沙滩、泥潭下，臀部翘出水面，以获取水下植物、动物等，主要以植物为食，如水生植物、谷物、豆类等，常见于开阔水面、芦苇沼泽附近、农田、草地等生境内，如天鹅、鸭科等。

5. 地面收集类

在地面上慢步行走或跑动捕食，常见于水边、草地、农田、沼泽或人类居住的房屋、道路旁等。食性较杂，主要以昆虫、蛙类等小型动物为食，也兼食植物种子、谷物等，如喜鹊、白鹡鸰等。

6. 芦苇及灌丛捕食类

在芦苇丛及灌丛中跳来跳去捕食，或将昆虫轰赶起来，飞到空中捕食，后马上飞回原处。在四处研究的湿地范围内，常见于芦苇丛、少数灌丛或小树上。以树上的蚜虫、小型昆虫为食，如东方大苇莺、黑眉尾莺等。

7. 猛扑类

在空中翱翔、盘旋，或在疏林灌木中上下穿行，一旦发现猎物，俯冲下来，直线追击，猛扑猎物并用利爪捕获。调查中数量较少，仅有少量见于疏林灌丛、草地、农田及果园中。这类鸟常为肉食性猛禽，以鼠类、雉类、鸠鸽类等其他小型鸟类为食，如苍鹰、伯劳、隼等。

8. 开凿类

在树干或树枝上攀援，开凿树皮获取隐藏在树中的虫类，常见于成年大树上，在调查范围内数量较少，出现在疏林灌木及果园两种生境内。以甲虫、蝗虫等昆虫及昆虫幼虫为食，也吃蜗牛、蜘蛛等小型无脊椎动物，如啄木鸟类等。

9. 飞掠水面类

在水面或湖面上空低空飞行，发现食物后把爪伸入水中捕获，常见于开阔水面、树枝头等处，以鸟类或小型哺乳类动物，如野鸭、大雁、鼠类、兔等为食，有时也食腐肉，如白尾海雕等。

10. 树间捕食类

主要从叶面或树枝间获取食物，成群结队在果树或灌丛中活动，较活跃，以种子、浆果为食，也吃昆虫、鳞翅目幼虫等，常见于疏林灌木丛、果园、农田边缘等处，较隐蔽，如四声杜鹃、白头鹎等。

11. 直降捕食类

常立于树枝顶或电线杆上，发现食物后，由原栖息处直降至地面或附近捕获食物，后复向高处直飞，或在空中捕食飞虫。常见于疏林灌木、草地、农田、果园等处。以蜻蜓、蝗虫、蝉等昆虫为食，如黑卷尾等。

4.2　鸟类丰富度分析

4.2.1　Patrick 鸟类丰富度

本研究中对鸟类最基本的识别单位即为其物种，用 Patrick 丰富度指数（S）表示，该指数能够较为直观地反映出物种的多样性[138]。

4.2.2　共位群鸟类丰富度

以"共位群"为鸟类的分类方法是本研究的创新点之一，其基本的分类依据是每种鸟类所采用的觅食方式。由于所研究的四处湿地生态系统均属于滨海湿地类型，结合调研数据可以发现在此处所聚集的鸟类多数为迁徙鸟（还包括繁殖鸟和留鸟）。环境中对于迁徙鸟最具吸引力的要素为食物种类，同时对于夏候鸟、冬候鸟、留鸟而言，觅食亦为其主要的活动之一。可以看出觅食方式是研究场地中所有鸟类的共同活动方式及对栖息环境的利用方式，因此以共位群对鸟类物种进行二次分类能够间接反映出所有鸟类与栖息环境之间所产生的关系。每种共位群的丰富度为使用相同或相似觅食方式的鸟类物种数，这些鸟类通常偏好的栖息环境亦具有相似性。

4.3　影响鸟类丰富度的环境因子

4.3.1　分析思路及变量选择

研究中主要考虑的为鸟类的生境如何对鸟类丰富度及其分布特点造成影响，该影响可为积极提升作用，亦可能为消极降低作用。前文中对在四处湿地生态系统内调查到的鸟类进行了物种层级的辨析和划分，同时根据"聚类分析"的思想，结合鸟类的觅食方式及其对不同生态位的选择，将鸟类进行了共位群的划分。从而确定了使用鸟类 Patrick 丰富度指数及共位群丰富度指数来表达每处湿地生态系统中不同栖息地类型内鸟类的多样性情况。

生境斑块类型、大小、形状、分布特征，生境内的植物种类及群落结构，食物资源的种类及丰富度是直接决定鸟类对某类型栖息环境偏好的因素；人类的干扰程度是间接影响鸟类在栖息环境或斑块中是否停留的重要因素。就湿地生态系统内的整个食物链来看（图 4-1），以鸟类为代表的动物、植物群落、非生物环境三者之间存在相互影响的关系。其中非生物环境是所有生物安身立命的场所，直接影响了生境中的植物群落的生长和丰富度情况，同时影响了昆虫、鱼虾、软体动物等的群落，而这些生物是更高一级的生物，即鸟类的食物资源，能够影响鸟类群落的分布情况。由此本研究中在对变量进行选择时主要从生境内的非生物环境、植物群落对鸟类的影响出发，探究其相关变量的量化表达。对鸟类食物资源部分（即昆虫、鱼虾等资源）则主要以定性分析和阐述为主。

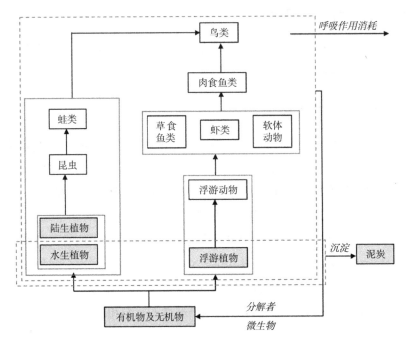

图 4-1　湿地生态系统中食物链

（注：图中黑框绿底的部分表示为湿地生态系统中的非动物环境条件）

（图片来源：根据参考文献 [139] 改绘）

4.3.2　植物群落种类与组成分析

1. 参考场地内植物群落种类与组成分析

（1）大黄堡湿地内植物群落种类与组成

实地考察及有关资料显示，大黄堡湿地分布有植物约 45 科 123 属 181 种，且多为广布种、常见物种，其中野生大豆为国家二级保护植物[140]。湿地内乔灌木树种较单一，主要以白蜡、洋槐、国槐、火炬树、柽柳、酸枣等植物为主。草本植物种类较多，结构较为复杂，常见有猪毛菜（Salsolacollina Pall.）、地肤（Kochia scoparia（L.）Schrad.）、反枝苋（Amaranthus retroflexus L.）、白茅（Imperata cylindrica（L.）Beauv.）、刺儿菜（Cirsium setosum）、葎草（Humulus scandens（Lour.）Merr.）等，其覆盖度可达 50%～80%。大黄堡湿地内蓄水深度较浅，且土壤含盐量较高，形成了以芦苇、碱蓬等水生植物或沼生植物为优势种的植物分布情况，且芦苇群落占地面积较大，占地均达到 60% 以上，伴生有菖蒲、大米草，同时分布有盐地碱蓬等植物群落（见附录 1.1）。浮游植物种类繁多，生物量较大，共有 6 门 25 属 40 种，包括蓝藻门、隐藻门、甲藻门、裸藻门、硅藻门、绿藻门等。

根据植物群落组成，大黄堡湿地内典型的植物群落有：

①落叶阔叶灌丛植被群系，包括：柽柳群落、碱蓬群落等；

②草甸植被群系，包括：白茅＋狗尾草群落、芦苇群落、盐地碱蓬群落、獐茅群落、盐地碱蓬＋獐茅群落；

③沼泽植被群系，包括：芦苇沼泽群落、香蒲沼泽群落、香蒲＋小眼子菜＋金鱼藻群落；

④水生植被群系，包括：灯芯草群落、莎草群落、芦苇群落。

（2）北大港湿地自然保护区内植物调研

根据调研北大港湿地自然保护区境内共分布有植物 47 科 146 种，包括陆生防护林带和草本植物、维管束植物及水生植物、浮游植物等[141]。乔灌木植物主要有洋槐(Robinia pseudoacacia Linn.)、紫穗槐（Amorpha fruticosa Linn. ）、柽柳（Tamarix chinensis Lour. ）、柳树（Salix matsudana Koidz. ）、毛白杨（Populus tomentosa ）等。陆生草本类植物包括：白茅（Imperata cylindrica（L.）Beauv. ）、蒲公英（araxacum mongolicum Hand.-Mazz. ）、刺儿菜（Cirsium setosum ）、碱蓬（Suaeda glauca（Bunge）Bunge. ）、三棱草（Pinellia ternata ）等种类。农作物主要以小麦、大豆、玉米、高粱等为主。

北大港湿地自然保护区内的水生植被主要由以下几种群落构成：

①芦苇群落：沿水库周围生长，并迅速向水库中央推进。群落所在地土壤均为沼泽土，一般含盐量很低，已基本脱盐。另外在水库北侧的独流减河泄洪河道内、水库堤坡及水中的小台地上，还生有一些"旱生芦苇"，群落种类成分增加，结构复杂，通常呈苇草草甸状态。群落以芦苇为优势种，平均株高仅 80cm，总盖度 80%，植株虽然矮小，但生活周期正常。其主要特点是伴生的种类成分增加，并以耐旱的种类占优势。几十年来，芦苇一直是天津市造纸业的主要原料来源，也是民用和农业生产的重要物资。从生态学角度，芦苇是有多种生态功能的植被类型，具有减轻土壤蒸发、保持土壤水分、调节空气湿度、增加土壤有机质、改造滩涂的作用。同时还是农业宜耕地的指示群落。

②香蒲群落与水葱群落：其生长环境与常年积水的芦苇群落相同。香蒲群落主要分布在水较深的环境，平均株高 1.5m，盖度 90%，个体数量散布，植株不多，尚未形成生产规模。其主要原因在于收割过度，缺乏保护。香蒲是一种经济价值较高的资源植物，可织席、入药。水葱主要分布在水库向湖心的内缘，呈同心圆带状分布，群落生长非常茂盛。

③狐尾藻、金鱼藻、黑藻群落：分布在水域中较深的区域。以狐尾藻占优势，其次是金鱼藻，群落的生长繁殖很快，常常拥塞水体，成为水体底泥有机质的来源，同时也是加速水体填平作用的因素之一。植物体本身可作为饲料，也是水生动物的饵料及栖息生境。

（3）官港森林公园内植物调研

除水生动植物资源与北大港水库相似外，该地区还有部分野生的刺槐群落、柽柳群落、盐生草甸群落等植被类型，其中存有各种野生药用植物及野生花草[142]，如车前子（Plantago asiatica L.）、蒲公英（Taraxacum mongolicum Hand.-Mazz.）、益母草（Leonurus artemisia（Laur.）S. Y. Hu F）、芦根（Rhizoma Phragmitis）、野芝麻（Lamium barbatum Sieb. et Zucc.）、曼佗罗（Camellia japonica）、马齿苋（Portulaca oleracea L.）等。自 1990 年至 1997 年，共人工种植乔木、灌木 148 万株（墩），成活 90 多万株（墩），占地 1 万余亩。主要树种有：白蜡（Fraxinus chinensis Roxb）、刺槐（Robinia pseudoacacia L.）、国槐（Sophora japonica Linn.）、火炬树（Rhus Typhina Nutt）、臭椿（Ailanthus altissima（Mill.）Swingle）及部分桑树（Morus alba L.）、山海关杨（P.deltoides Barry cv.）、垂柳（Salix babylonica）；少量的江南槐（Robinia hispida L.）、龙爪槐（Sophora japonica Linn. var. japonica f. pendula Hort.）、侧柏（Platycladus orientalis（L.）Franco）、桧柏（Sabina chinensis（L.）Ant.）和花灌木。但这些树木因生长时间较短，尚未形成规模，而且部分农田穿插其内，受人类活动影响较大。

2. 验证场地内植物群落种类与组成分析

（1）七里海古潟湖湿地内植物调研

此次调研共发现植物有 69 科 200 属 290 种（包括种以下单位），其中裸子植物 4 科 6 属 8 种，双子叶植物 55 科 157 属 224 种，单子叶植物 10 科 37 属 58 种，野生植物 36 科 104 属 163 种，栽培植物 51 科 105 属 127 种，浮游植物 5 门 41 属 46 种，其中蓝藻门 7 种，裸藻门 5 种，甲藻门 1 种，硅藻门 11 种，绿藻门 22 种。野生植物种类最多的科依次为菊科（Compositae）、禾本科（Gramineae）、旋花科（Convolvulaceae）、藜科（Chenopodiaceae）、莎草科（Cyperaceae）、豆科（Leguminosae）、十字花科（Cruciferae）、蓼科（Polygonaceae）；栽培种类最多的科依次为菊科（Compositae）、蔷薇科（Rosaceae）、豆科（Leguminosae）、葫芦科（Cucurbitaceae）、禾本科（Gramineae）、茄科（Solanaceae）、锦葵科（Malvaceae）、百合科（Liliaceae）、木犀科（Oleaceae）、杨柳科（Salicaceae）、松科（Pinaceae）。群落多样性较高的野生群落有地肤群落、葎草群落、紫穗槐群落、苣荬菜群落、狗尾草群落和碱蓬群落。保护区内乔木（人工林）、农作物、部分野生灌木和草本群落的多样性水平普遍较高，灌木群落的多样性处于中间水平，而藤本植物和水生植物群落的多样性水平普遍较低[143]。调查中典型植物群落类别见附录1.2。

（2）调研结果分析

调查显示场地内植物野生物种较为丰富、数量众多，且多为草本植物，覆盖度较大，尤其如芦苇等植物成片种植。各生活型植物较齐全，包括乔木、灌木、草本、藤本植物，生态类群囊括了水生植物、沼泽和沼泽化草甸植物、盐生草甸植物等，且湿地内盐生植物种类较多。其中调查到的野大豆为国家二级重点保护植物，广泛分布在七里海湿地。

野大豆是重要的抗盐种质资源和基因库，是当前国内外研究遗传育种的重要种质资源。此外，还有高纤维植物、药用植物、饲料植物、香料植物、蜜源植物、环境条件指示植物等种类，不仅具有环保作用，也兼具经济价值。

但由于当地农林业、渔业、旅游业的发展，人类干扰较多，使得栽培种逐渐增加，局部植物群落（如人工林、农作物和部分野生植物群落）具有较高的多样性指数，其余多处区域内植物多样性较低。此外，由于修路、修建村落和景区、构建防护林等人为活动，使得湿地面积缩减，人工化、破碎化趋势加强。保护区内乔木和灌木种类、数量和分布正在快速增加，由挺水植物阶段、湿生草本植物阶段向木本植物阶段转化的区域也在逐步扩大。最常见的情况是，在芦苇沼泽湿地内部、芦苇湿地边缘的湿生草本植物群落斑块边缘处，种植速生杨、榆树、刺槐、臭椿等乔木作为防护林，加上近年来生态系统内缺水的现状，从而使得原本的湿生植物生境逐渐演替为木本植物生境，更多原始的植物生境被侵占。尤其中生植物、旱生植物、盐生植物生境被侵占和缩减的情况较为严重，而依赖此类生境生存的小果白刺、补血草属植物、黄耆属植物、鸦葱属植物、角蒿等，在本次调研中没有发现，说明其分布已被大量压缩甚至消失。

4.3.3　环境因子的选取

环境因子用于描述各生境的环境特征及其质量，是某一种环境要素的指标，亦为模型中的自变量。许多研究都提出植物群落的结构及种类、捕食者活动、食物资源状况、非生物环境状况等会对动物生存、繁衍等造成影响[86, 144]。本研究中主要从生境结构、植被群落结构与丰富度及人类干扰情况三方面对研究场地内的不同栖息环境质量进行量化分析。由于食物资源的量化缺乏相关评价依据，故在本文中不做深入量化和讨论，仅以整个生态系统整体为单位，对其中可能作为鸟类食物的其他生物种类进行定性的分析和说明，为评估该生态系统提供参考。

1. 生境结构特征

研究显示，栖息环境的异质性与结构影响着鸟类的丰富度、个体数量及其分布[145]，且结构复杂的生境斑块能够为鸟类提供更丰富的生态位（Niches）和环境资源[146]。在生境研究层面，我们选取对鸟类丰富度可能产生影响的四类环境影响要素进行分析，包括：面积（Area，A）、面积百分比（Area proportion，$A\%$）、周长 - 面积分纬度（Fractal Dimention Index，FRACP）。

（1）多数研究表明鸟类丰富度随着面积的增加而增加[147]，而破碎化的小面积斑块的存在，致使当地物种受到灭绝的威胁。如谢世林等学者在对北京 29 个城市公园进行调查后发现，鸟类物种数与公园面积呈显著正相关[148]；黄越的研究表明，连续的较大面积生境能够为鸟类提供大量且丰富的生存资源，同时也由于公园面积越大，其植物丰富度及昆虫丰富度越高，从而间接对鸟类丰富度产生了影响[149]；英国学者的研究显示面积为 15hm² 的树林中的鸟类物种数是面积为 1hm² 树林内鸟类物种数的 2 倍。本研究中，将对不同生境类型中的鸟类物种数量及共位群数量进行统计，以阐述在滨海湿地中面积与鸟类丰富度的关系。

（2）面积百分比描述某一类生境在整个场地中所占的比例，该因子可表明某一种栖息地在整体环境中的多少是否会影响鸟类的丰富度。

（3）周长 – 面积分纬度用以描述某种生境的形状特征。生境边缘越复杂，可能对生活在斑块边缘的物种越有优势，然而这一特征也可能对生活在斑块内部的生物造成致命的危害。但由于本研究中的鸟类其生存的具体位置（斑块边缘 / 内部）信息较为模糊，且较难观测，该因子的选择将用于表明调查的鸟类总体对周长 – 面积分纬度的敏感程度。

2. 植被丰富度及群落结构

植物群落在一定程度上决定了生境结构[81]。植物的多层级结构和丰富的植物群落能够直接吸引鸟类。同时丰富的生境由于存在提供食物资源的潜力，对鸟类群落产生间接的积极影响。通过对样地中的样方植物群落进行田野调查，可获得植物的群落结构及丰富度等信息，本文中选取植物香浓 – 威纳指数（Shannon-Wiener index，SW）、植被覆盖率（vegetation coverage rate，VCR）及植物水平斑块丰富度（vegetation horizontal patchiness，VHP）三个指标作为反映植物状况的因子，该三项因子分别显示了所调查植物群落的不同方面的丰富程度及生长状况，共同决定了植物群落整体的多样性，因此间接影响了不同类型生境内鸟类多样性及分布特点。

（1）植物香浓 – 威纳指数（Shannon-Wiener index，SW），用以测算植物群落内的物种丰富程度，计算公式如下：

$$H = -\sum_{i=1}^{S} P_i \ln P_i$$

式中，S 为群落（样方内）全部种的个体数；P_i 为第 i 个物种的数量。

（2）植被覆盖率以样方内所有生活型植物的覆盖率为该区域的植被覆盖率，取每种生境内样方的平均值，以计算出群落内植物的密度。

（3）生境的空间结构对鸟类的丰富度及分布产生重要影响，在景观及栖息生境层面，是由于植物群落多样性使得生境景观存在异质性，从而产生了空间结构[145]。通常以群叶高度异度（Foliage Height Diversity）来测量竖向结构，显然植物竖向层级越多，能够为鸟类提供更多的生态位和栖息环境，并营造出适宜的微环境。

由于验证场地内多为开阔场地，竖向结构单一而水平结构丰富，因此植物的水平丰富度和复杂性是影响鸟类丰富度与分布的主要因素[150]，本研究中选用植物水平斑块丰富度来对其进行描述。尽管在生境或整个场地的研究层级，植物水平斑块丰富度是决定鸟类是否选择某处栖息地的决定因素之一，但对其准确的定义及测量方法目前仍缺乏统一的标准。该研究中仍然以每种栖息生境内所选取的样方为研究个体，以样方内木本植物所占的百分比来代替水平斑块丰富度 [5]。

　　3. 人类干扰程度

人类活动在很大程度上影响着鸟类的正常分布，如工厂噪声、突发火灾或人为焚烧芦苇、鱼塘清理或土方填埋工程等都会改变原有环境自然演替过程，从而可能引起鸟类及其他动植物数量和多样性的下降 [151, 152]。本研究中，我们对场地进行噪声污染统计，以此量化人类干扰的程度。选择鸟类观测点为测点，对于开阔水面，将测点设置在鸟类出现次数较多的水岸处及浅水区，使用声级计测量噪声强度，并取平均值。

4.4　其他生物的分布情况及定性说明

由于昆虫、鱼虾、哺乳动物等是多数鸟类的重要食物来源，本研究根据四处湿地的科学考察报告和其他相关文献，对场地内的鱼类、昆虫、哺乳类等进行了定性的分析。

4.4.1　参考场地内其他生物的分布情况及定性说明

根据参考文献及相关记录，大黄堡湿地内共记录到鱼类约 32 种，两栖类 5 种，爬行类 8 种，兽类 15 种，昆虫类 371 种，水生生物 91 种；北大港湿地自然保护区内共记录到鱼类 38 种，两栖类 5 种，爬行类 8 种，兽类 13 种，昆虫类约 80 种，浮游动物约 13 种；官港森林公园内共记录到鱼类 38 种，两栖类 5 种，爬行类 5 种，兽类 9 种，昆虫类约 72 种，浮游动物约 10 种。

其中鱼类最常见的有：青鱼、草鱼、白鲢、鲫鱼、梭鱼、鲈鱼、鲇鱼、白条、鲤鱼、泥鳅、黄鳝乌鳢和赤眼鳟等；两栖类中的蛙类、水蛇等由于受人类干涉较少，尚保持了一定的多样性和丰富度，但原本较为丰富的贝类及草丛中的田螺由于过度捕捞，数量已经明显减少；昆虫种类主要有：七纹异箭蜓、棉蝗、日本负子蝽、中国虎甲、白薯天蛾、春梯氏摇蚊等；浮游动物种类主要有：角突臂尾轮虫、壶状臂尾轮虫、三肢轮虫、针簇多肢轮虫等。

4.4.2　验证场地内其他生物的分布情况及定性说明

由七里海古潟湖湿地的科学考察报告及近年的物种记录显示，该处湿地内共记录到鱼类约 46 种，两栖类 3 种，爬行类 5 种，兽类 14 种，昆虫类 85 种，浮游动物 16 种。

其中鱼类主要为饲养的淡水经济鱼种，如黄颡鱼、鲇鱼、黄鳝、鳜鱼、乌鳢、青鱼、草鱼、鲔、鲢鱼、鲫鱼、麦穗鱼、泥鳅等；两栖类主要包括蛙科 2 种及蟾蜍科 1 种，其中优势种有中华蟾蜍、黑斑蛙，数量较多，多出现在草丛、疏林灌木、居民住所附近、沼泽、河流岸边等较为潮湿的环境中；爬行类中共发现蜥蜴目 2 种，蛇类 3 种，常见于农田附近或水域附近。爬行类的优势物种为无蹼壁虎，常见于岩缝、树上等处；兽类中多为啮齿类，其他种类较少，且所有的兽类均为小型种类。兽类的分布与植物种类的多少相关，如在疏林灌木、草地、农田、果园生境类型中，不仅拥有草本，还有灌木、乔木和藤本植物，拥有其他区域所没有的垂直结构，此处出现的兽类数量和种类均较多。此外，居民住所附近及道路两旁等是一些啮齿动物的良好栖息环境，居民的生活垃圾是啮齿动物的食物来源，因此居民区的啮齿动物较多。鱼塘附近，由于植物较少且单一，动物缺乏适宜的生境及食物，因而动物较少；昆虫的分布较广泛，分为陆生昆虫和水生昆虫等，其中种类最多的是半翅目，其次是鳞翅目和直翅目，再其次为鞘翅目和双翅目，其他类群种类较少。

根据记录，四处湿地内除经济鱼类的数量在近几年内保持不变甚至有所增加外，其余野生生物物种均有所下降。而由七里海古潟湖湿地内的这些物种种类及数量与其他三处湿地内的物种种类数相比较少，且数量也较少。

4.5 鸟类分布及其与生境关系的分析

4.5.1 生境斑块的划分与分布

根据实地勘测报告及遥感影像图分析四块场地斑块类型、植被分布及覆盖情况，可以将现有生境总结为 8 类，即芦苇沼泽、盐水沼泽、开阔水面、草地、树林灌木、果园、农田及建设用地，其中果园用地并没有在验证场地中出现，各生境主要植被及特征如下。

1. 芦苇沼泽

该生境类型为四处湿地内的主要类型，分布面积较大且集中，斑块内优势种为芦苇，数量众多，只有少量伴生种出现在斑块边缘，主要植物种类为芦苇、香蒲、水葱、菖蒲等植物类型。但随着冬天芦苇割刈后，无植物覆盖。

2. 盐地沼泽

该生境类型面积仅次于芦苇沼泽，亦分布集中，主要生长有盐生植物及其伴生种，如盐地碱蓬、大米草、莎草等植物类型。

3. 开阔水面

该类型生境主要包括场地内部的水面、水库、人工鱼塘等，水面下常有藻类、浮萍或人工水草等植物出现。

4. 草地

该生境类型分布较分散，常见于堤坝及道路两旁、疏林灌木下层及边缘、水岸边等处，植物种类主要以禾本科野生植物为主，如野大豆、碱茅、扁秆蔗草、藜、曼陀罗、马唐、西伯利亚白刺、翅果菊等。

5. 疏林灌木

四处湿地内乔木种类较少且栽种稀疏，灌木丛也多稀疏地分布，较少处出现密集的灌木丛，植物类型主要有酸枣、柽柳、紫穗槐、白蜡、毛白杨、旱柳、洋槐、刺槐等。

6. 果园

该生境类型为人为栽种活动形成，斑块内多为人工种植的经济林或果林，植物类型有柿子、板栗、核桃、酸枣、酸梨、苹果、沙果等。

7. 农田

该类型生境多集中出现在村庄边缘，四处湿地的缓冲区及实验区内，以人工种植作物为主，植物类型有小麦、玉米、大豆、棉花、芝麻、葡萄等。

8. 建筑用地

主要为道路用地及村庄等人工建设用地，由于植物覆盖率极低，因此不再讨论该生境内的植物种类及丰富度等。

四处湿地内生境分布如图 4-2 ~图 4-5 所示。

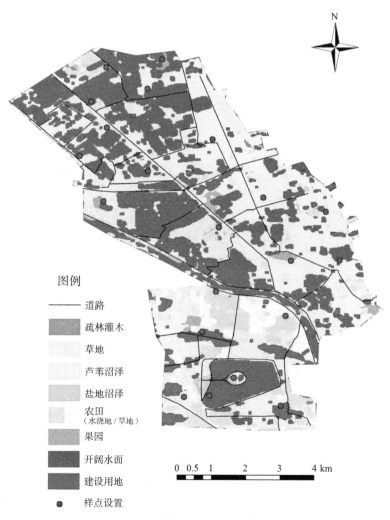

图 4-2　大黄堡湿地内生境分布

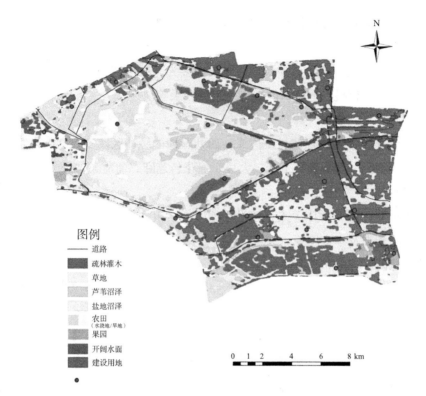

图例

— 道路
■ 疏林灌木
□ 草地
■ 芦苇沼泽
■ 盐地沼泽
■ 农田
　（水浇地/旱地）
■ 果园
■ 开阔水面
■ 建设用地
•

0 1 2　4　6　8 km

图 4-3　北大港湿地自然保护区内生境分布

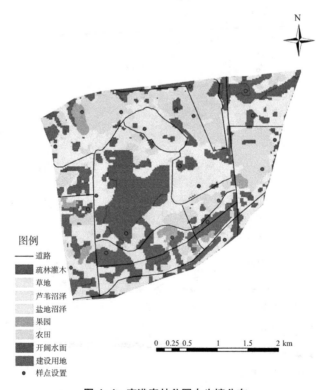

图例

— 道路
■ 疏林灌木
□ 草地
■ 芦苇沼泽
■ 盐地沼泽
■ 果园
■ 农田
■ 开阔水面
■ 建设用地
• 样点设置

0　0.25 0.5　1　1.5　2 km

图 4-4　官港森林公园内生境分布

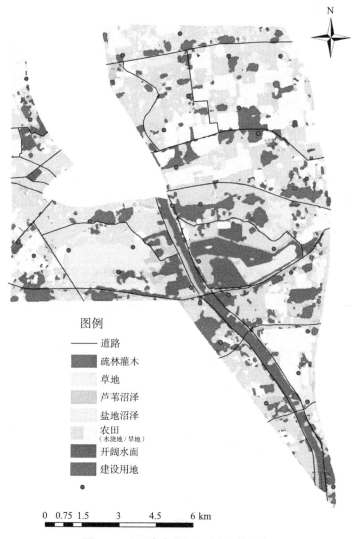

图例

——　道路

　　　疏林灌木

　　　草地

　　　芦苇沼泽

　　　盐地沼泽

　　　农田
　　　（水浇地 / 旱地）

　　　开阔水面

　　　建设用地

·

```
0  0.75 1.5    3      4.5     6 km
```

图 4-5　七里海古潟湖湿地内生境分布

4.5.2　鸟类对不同生境斑块的使用情况

在田野调查中，我们获得了鸟类种类及其对所研究的四个湿地中各类生境的使用情况，且根据每种鸟类的捕食方式，将这些鸟类划分为 11 个共位群，结合文献查阅中各种鸟类对生境的使用情况，得到实际中不同共位群鸟类对栖息生境的偏好及其分布和数量情况，如表 4-3 所示。

调查中发现，出现在四处湿地的鸟类主要分为水鸟及猛禽，这也符合四处调研场地位于近海区域的现状环境条件。在众多鸟类中，喜鹊（Pica pica）、大杜鹃（Cuculus canorus bakeri）、树麻雀（Passer montanus）数量众多，且在每类生境中均有出现，它们并没有对不同生境进行选择，或未表现出对某几类生境的偏好，其出现次数及丰富度对分析生境的重要性并不具有参考价值，因此本研究中不再考虑这三种鸟类对生境的使用情况。

鸟类通常会在多种生境出现，为了避免在某种生境出现的鸟类为迷鸟，本研究中定义超过本物种出现总数量的20%在某类生境，记为这一物种的重要栖息生境。由于猛禽类多为候鸟，验证场地并非其过冬地或繁殖地，而仅作为飞行途中的暂时停留地。在调查中此类鸟出现的次数较低，且只在少数一两类生境出现，甚至在此次调查中并未出现（近20年历史纪录中出现），对于这一类鸟，我们将其出现过的栖息生境视为其重要栖息地。表4-3统计了每种共位群鸟类对生境的使用情况，可以看到，水面捕食类、地面收集类和探查类个体数量最多，这三类共位群对芦苇沼泽、开阔水面及盐地沼泽这三种生境类型的使用频率最高，即鸟类对其具有偏好，因此可以认为这三类生境为本地区较为重要的生境类型。

各共位群鸟类对生境的使用情况及其出现频率和个体数量　　　　表 4-3

共位群	物种数量	使用的生境类型	生境类型数量	出现次数	个体数
潜水类	7	RM, SM, WA	3	57	489
涉水捕食类	11	RM, SM, WA	4	168	1966
探查类	24	RM, SM, WA, ST	5	309	2050
水面捕食类	26	WA, SM, RM, ME	4	696	4607
地面收集类	20	WA, ST, RM, SM	5	603	3932
芦苇及灌丛捕食类	5	ST, AF, RM	3	85	438
猛扑类	28	ME, ST, OR, AF	4	30	50
开凿类	4	ST, OR	2	33	138
飞掠水面类	1	WA, ST	2	1	1
树间捕食类	3	AF, ST, OR	5	66	324
直降捕食类	3	RM, AF, OR	4	79	184

注：表中鸟类使用生境类型按照每一共位群总体在某一生境出现的种类由多到少排列，如潜水类中使用芦苇沼泽的鸟类种类最多，其次为盐地沼泽，最后为开阔水面。在其他生境类型中可能也有出现，但数量并没有超过该种类鸟总数量的20%，因此并未计算入内。

4.6　小结

本章内容主要探讨的是研究主体鸟类群落的分类及田野调查结果，生境内植物群落的结构及丰富度情况，鸟类分布与生境类型之间的关系。

在对调查到的鸟类进行描述时，首先阐明了一般情况下鸟类的分类标准，即通常包括物种组成、区系组成、生态类群、居留型分类、受威胁程度等物种分类方法。本研究中主要探讨物种组成、居留型分类两种，同时会对鸟类进行生态类群的描述和相关分析。通过对四处湿地内出现的所有鸟类进行调查记录，本章中将所记录到的131

种鸟类根据鸟类的目、科进行了分类，对于种一级虽然也进行了分类，但在正文中不显示具体鸟类物种，仅统计了科层级下包含的种数及种数的占比等。根据居留型对鸟类的分类，文中对每类生境下各居留型鸟类的种数出现情况进行了列表说明。此外，本章就 31 种鸟类（以鸟类的科属种划分的情况下）最常出现的环境和偏好的食物资源进行了说明。对于鸟类的共位群划分是本研究的创新点之一，分类标准为每种鸟类的觅食方式。由于留鸟、夏候鸟、冬候鸟及迁徙鸟在调研的场地内所共有的应用生境的方式为觅食，同时在进行觅食方式的描述时能够准确反映出鸟类的觅食条件，因此此种划分方式能够将 31 种鸟类再次进行归类，成为鸟类丰富度的测量方式之一。鸟类的丰富度是主要研究点之一，本章中选择 Patrick 鸟类丰富度和共位群鸟类丰富度两种指标，为后文中模型的建立提供量化数据。

在对鸟类的栖息环境的质量进行分析时，通过分析湿地生态系统内的食物链结构，选择了非生物环境、植物群落为定量因子，鸟类食物资源为定性描述。文中针对四处湿地内的植物种类和群落结构等进行了统计和整理分类。同时根据调研情况，描述了场地内主要的植物群落类型及其中优势种、伴生种的分布情况。可以看出，四处湿地内植物种类多为野生草本，乔灌木种类较少，不能够为鸟类提供丰富的竖向生态位。尽管植物分布的面积较大，然而物种较为单一。此外，还包括人工种植的农业植物、经济林等。所有的植物类型将是后文中对生态系统进行植物群落的调整、重建时的重要依据。在进行环境因子的选择时，从生境结构、植被群落与分布情况、人为干扰情况三方面出发，分析了每一方面在关于场地的特点展示时的重要性和相互关系等。并在生境尺度下，选择出了面积、面积百分比、面积–周长分纬度的实际意义及这三种指标在其他参考文献中的使用情况等；在对植被丰富度和植物群落结构进行分析时，主要选择了植物香浓–威纳指数、植被覆盖率和植物水平斑块丰富度三种指标，文中对这三类指标的具体计算公式和根据场地的特殊性所采用的计算方法和计数原则等进行了描述；对于人类干扰程度的测量主要是以噪声污染为代表，根据在不同鸟类观测点所测量到的声音分贝指代人类对鸟类的干扰程度。本研究中一共选择了 7 种环境因子作为自变量，将其与因变量之间建立相关联系，以表达出环境质量和环境因子对于鸟类多样性的影响。

在对四处湿地进行了田野调查和分析后，将三处参考场地内的栖息环境划分为 8 种生境，即：芦苇沼泽、盐地沼泽、开阔水面、疏林灌木、草地、果园、农田和建设用地，验证场地中并未出现果园这一生境类型，因此仅有 7 类生境。通过 GIS 及 ENVI 两种软件结合使用，绘制出四处湿地的生境分布图，同时标注了进行田野调查时样点在各生境中的设置情况，这些样点亦为噪声监测点。

第 5 章

鸟类丰富度与生境关系模型的建构

5.1 鸟类丰富度与生境的量化分析

5.1.1 鸟类丰富度的量化结果

本节中以 Patrick 丰富度指数及共位群丰富度指数为因变量，根据调查计算得出四处湿地内不同生境类型中的两种丰富度，如表 5-1 所示。

四处湿地内各类型生境的 Patrick 丰富度指数与共位群丰富度指数　　　表 5-1

		芦苇沼泽	盐地沼泽	开阔水面	草地	疏林灌木	果园	农田	建筑用地
大黄堡湿地	Patrick 丰富度	97	93	74	75	73	60	40	10
	共位群丰富度	7	7	6	5	4	4	5	1
北大港湿地自然保护区	Patrick 丰富度	118	92	67	89	104	76	36	12
	共位群丰富度	7	7	5	6	7	6	4	1
官港森林公园	Patrick 丰富度	97	72	58	62	92	64	25	6
	共位群丰富度	6	6	5	5	7	5	3	1
七里海古潟湖湿地	Patrick 丰富度	49	40	45	35	22	—	31	5
	共位群丰富度	6	5	6	5	4	—	5	2

5.1.2 生境质量量化结果

在上文中提到，本研究采用三类共 7 种环境因子作为自变量以量化栖息地环境特征，具体计算方法及结果如下：

1. 生境结构特征

通过四处场地 1：5000 的地形图及遥感影像图获得现状图像，之后将绘制的电子地图导入 GIS 平台中，利用 Fragstats 进行计算，得到各生境的面积、面积百分比、周长－面积分纬度取值，如表 5-2 所示。

四处湿地内各类型生境的三项结构特征因子取值　　　表 5-2

		X_1	X_2	X_3
		面积（km²）	面积百分比（%）	周长－面积分维度（FRAC）
大黄堡湿地	芦苇沼泽	3.42	3.05	1.4
	盐地沼泽	0.84	0.75	1.45
	开阔水面	40.03	35.75	1.53
	草地	49.51	39.93	1.44
	疏林灌木	0.24	0.21	1.36

续表

		X_1	X_2	X_3
		面积（km²）	面积百分比（%）	周长 – 面积分维度（FRAC）
大黄堡湿地	果园	8.86	4.27	1.31
	农田	11.66	10.41	1.48
	建筑用地	6.31	5.63	1.34
北大港湿地自然保护区	芦苇沼泽	34.39	9.86	1.49
	盐地沼泽	67.71	19.41	1.31
	开阔水面	55.07	15.79	1.53
	草地	61.34	17.58	1.42
	疏林灌木	4.58	1.31	1.36
	果园	15.87	4.55	1.3
	农田	32.88	9.43	1.48
	建筑用地	77.03	22.08	1.34
官港森林公园	芦苇沼泽	1.25	5.48	1.49
	盐地沼泽	1.20	5.27	1.45
	开阔水面	2.59	11.32	1.53
	草地	7.25	31.71	1.43
	疏林灌木	1.84	8.06	1.36
	果园	1.59	6.96	1.21
	农田	3.85	16.84	1.47
	建筑用地	3.28	14.36	1.34
七里海古潟湖湿地	芦苇沼泽	20.02	5.81	1.01
	盐地沼泽	27.37	7.95	1.03
	开阔水面	36.08	10.48	1.03
	草地	17.69	5.14	1.02
	疏林灌木	2.13	0.62	0.11
	果园	—	—	—
	农田	200.75	58.29	1.23
	建筑用地	40.35	11.72	1.02

2. 植被丰富度及群落结构

本节中选取植物香浓 – 威纳指数（Shannon-Wiener index，SW）、植被覆盖率（vegetation coverage rate，VCR）及植物水平斑块丰富度（vegetation horizontal patchiness，VHP）三个指标作为反映植物状况的因子。根据田野调查及相关记录，并根据相应计算方法，可得该三项因子在不同生境类型中的取值情况，如表 5-3 所示。

四处湿地内各类型生境的三项植被丰富度与群落结构因子取值　　表 5-3

		X_4	X_5	X_6
		植物香浓 – 威纳指数（SW）	植被覆盖率 %（VCR）	植物水平斑块丰富度（VHP）
大黄堡湿地	芦苇沼泽	3.58	95.02	0.403
	盐地沼泽	2.51	70.35	0.321
	开阔水面	1.72	15.59	0
	草地	2.65	71.12	0.003
	疏林灌木	2.48	52.53	0.632
	果园	1.95	22.37	0.448
	农田	2.15	29.45	0.132
	建筑用地	0.16	11.46	0
北大港湿地自然保护区	芦苇沼泽	3.15	75.17	0.455
	盐地沼泽	2.94	85.63	0.342
	开阔水面	1.01	12.29	0
	草地	2.15	70.03	0.018
	疏林灌木	1.76	61.58	0.934
	果园	1.98	36.33	0.446
	农田	2.95	47.64	0.141
	建筑用地	0.21	8.83	0
官港森林公园	芦苇沼泽	1.7	54.27	0.527
	盐地沼泽	1.75	50.42	0.32
	开阔水面	1.45	43.17	0.003
	草地	2.55	83.53	0.026
	疏林灌木	2.08	63.92	0.921
	果园	1.59	28.42	0.572
	农田	2.15	57.53	0.152
	建筑用地	1.32	16.78	0
七里海古潟湖湿地	芦苇沼泽	1.7	90.44	0.482
	盐地沼泽	1.25	95.24	0.323
	开阔水面	0.65	15.25	0.001
	草地	1.95	41.52	0.02
	疏林灌木	2.15	32.17	0.629
	果园	—		
	农田	2.07	45.63	0.137
	建筑用地	1.02	10.52	0

3. 人类干扰程度

根据对样点内噪声的测量和分析，得到每类生境内人类干扰程度，如表 5-4 所示。

四处湿地内各类型生境中人类干扰程度的取值　　　　表 5-4

	芦苇沼泽	盐地沼泽	开阔水面	草地	疏林灌木	果园	农田	建筑用地
大黄堡湿地	31.9	25.7	25.7	45.1	49.5	57.2	62.4	79.2
北大港湿地自然保护区	28.9	30.1	28.1	35.6	45.2	50.7	74.9	84.9
官港森林公园	36.1	35.2	38.1	45.5	48.9	58.6	75.4	88.3
七里海古潟湖湿地	36.5	35.1	42.7	62.4	60.5	—	77.2	86.9

5.2　模型的构建

5.2.1　模型构建前的假设

通过对参考文献的查阅与分析，可以了解到环境因子对物种多样性和丰富度的正相关性或负相关性，以及相关性的强弱。结合参考文献中的相关结论，根据本研究中需探讨的问题以及所选择的各环境因子，在模型建立前提出以下 6 条假设，并将在模型建立完成后对假设进行验证和说明，假设如下：

（1）鸟类生境的面积越大，鸟类的物种丰富度越高[153]；

（2）不同的生境类型对鸟类丰富度的贡献并不相同[5, 154]；

（3）有些生境只能对某类或某几类鸟类共位群产生吸引作用[155, 156]；

（4）随着生境类型的多样性的增加，鸟类丰富度会随之增加[50, 130]；

（5）生境斑块尺度下水平斑块丰富度的提高能够促使鸟类物种丰富度的提高[157]；

（6）人类干扰程度对鸟类丰富度有消极影响作用[152, 158]。

5.2.2　环境因子间相关性分析结果

根据对自变量两两进行相关性分析，并由绘制出的成对散点图可看出，面积（X_1）与面积百分比（X_2）两个自变量之间存在较强的共线关系，因此，在后文关于重要因子的选择中，面积与面积百分比将不会共同被选择。其余自变量各自独立，不存在强烈共线性，即不存在相关性，如图 5-1 所示。

5.2.3　显著环境因子的选取结果

在模型建立时，使用三处湿地（即参考场地）内各 8 种生境类型为建立模型时的主要研究对象，以 7 个环境因子为因变量；则数据共计 7 组，每组含 24 个数据，此为模型的训练数据（Training data）。将数据导入 Lasso 中进行计算，得到结果如下。

图 5-2 及图 5-3 显示的是 Patrick 丰富度指数与各因子之间的关系。其中图 5-2 显示了 λ 取值确定的过程，图中红色点划线表示每一时刻总均方差的平均值。分布于该线上下的灰色竖线区域表示随着惩罚系数 λ 的取值标准差的改变情况。当 lnλ 取值为

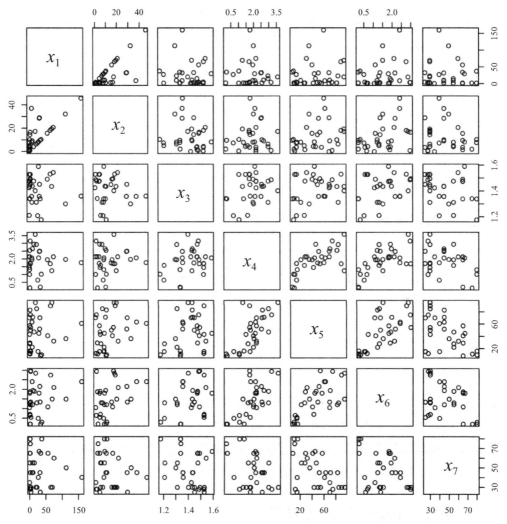

图 5-1　自变量相关性分析结果

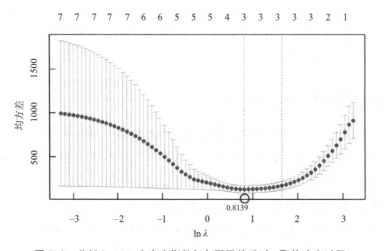

图 5-2　分析 Patrick 丰富度指数与各因子关系时 λ 取值确定过程

0.8139，即图 5-2 中左边的灰色点划线与红色点划线相交处，均方差达到最小，则此处的 λ 取值即为该模型的最终取值。此外，该点的重要意义还在于，在算法运行时同时进行的重要因子选择也应在该点终止，即在这一点时若某因子前的系数未趋于 0，则该因子即为模型的重要因子。

图 5-3 显示的是重要因子的选择过程，选择原理是随着惩罚系数的改变，将不重要因子前的系数趋于 0 后剔除该因子。由上文可知，需要选择 $\ln\lambda$ 为 0.8139 时的有效因子，此处剩余的因子有人类干扰程度、植物水平斑块丰富度及植物香浓 – 威纳指数，则这三种因子对 Patrick 丰富度指数而言是重要因子。

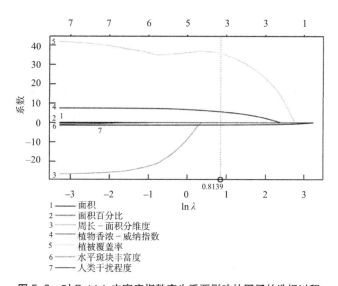

1 面积
2 面积百分比
3 周长 – 面积分维度
4 植物香浓 – 威纳指数
5 植被覆盖率
6 水平斑块丰富度
7 人类干扰程度

图 5-3 对 Patrick 丰富度指数产生重要影响的因子的选择过程

同样的方法，图 5-4 及图 5-5 显示了共位群丰富度与个因子之间的关系及选择过程。当 $\ln\lambda$ 取值为 –2.1711 时，均方差达到最小，如图 5-4 所示；相应地根据图 5-5 可

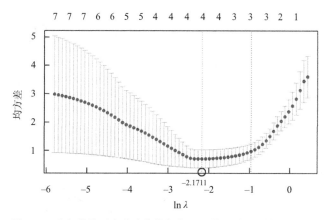

图 5-4 分析共位群丰富度指数与各因子关系时 λ 取值确定过程

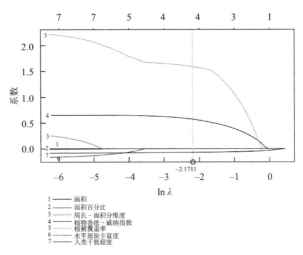

图 5-5　对共位群丰富度指数产生重要影响的因子的选择过程

1 —— 面积
2 —— 面积百分比
3 —— 周长 – 面积分维度
4 —— 植物香浓 – 威纳指数
5 —— 植被覆盖率
6 —— 水平斑块丰富度
7 —— 人类干扰程度

知，在这一点时，人类干扰程度、植物水平斑块丰富度、植物香浓 – 威纳指数及面积共四项因子被选择，即这四个因子为共位群丰富度的重要因子。

5.2.4　Lasso 回归模型的建立 [①]

在 R 软件中运行 Lasso 回归，编程过程如图 5-6 所示。

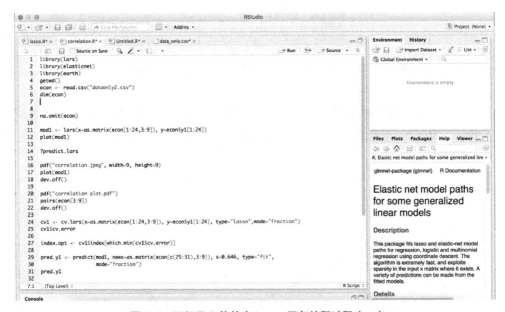

图 5-6　运行于 R 软件中 Lasso 回归编程过程（一）

① 本研究在使用 Lasso 回归建立模型前，使用了运行于 SPSS 软件平台中的 Bivariate correlation 及 Partial correlation 进行了相关性分析，后使用了 linear regression 进行了模型建立，用以进行数据预测。由于所使用的数据及基本思路相同，但预测结果显示 Lasso 回归结果更优，因此文中仅对 Lasso 回归进行了详细阐述，并用于了后续研究和论述中。

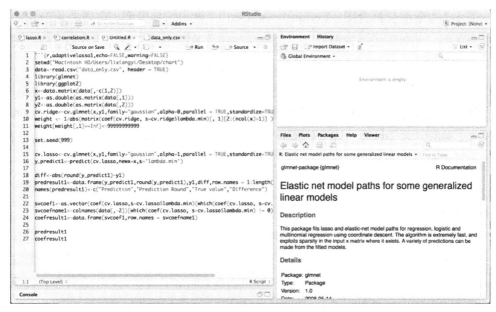

图 5-6　运行于 R 软件中 Lasso 回归编程过程（二）

经过对重要因子的选择及 λ 取值的确定，最终关于 Patrick 丰富度及共位群丰富度的模型如表 5-5 所示。

Patrick 丰富度及共位群丰富度的模型　　　　　　　　　　表 5-5

模型 1（因变量：Patrick 丰富度）			模型 2（因变量：共位群丰富度）		
截距	重要因子	因子前系数	截距	重要因子	因子的系数
97.748955	植物香浓 – 威纳指数（SDI）	5.658919	6.540346085	面积（A）	0.001738869
	植物水平斑块丰富度（HP）	36.013731		植物香浓 – 威纳指数（SDI）	0.568549026
	人类干扰程度（HD）	–1.180309		植物水平斑块丰富度（HP）	1.590744901
				人类干扰程度（HD）	–0.070516077

结果显示植物香浓 – 威纳指数、植物水平斑块丰富度与 Patrick 丰富度呈显著正相关，人类干扰程度与之呈显著负相关；面积、植物香浓 – 威纳指数、植物水平斑块丰富度与共位群丰富度呈显著正相关，人类干扰程度与之呈显著负相关。

5.2.5　模型准确性的检验

在模型建立时，以数据正态分布为前提，对因变量与自变量进行了线性关系假设，建立了回归模型。因此，需要对两个回归模型的线性关系是否准确进行再判断。

图 5-7 为残差与拟合图（Residuals vs fitted），显示的是模型 1 中残差值与预测值的拟合关系。当模型关系准确时，该模型应该包含数据中所有的系统方差。根据图中红色的拟合线，可以看出模型中的线性关系是成立的。

图 5-8 为正态分布图（Normal Q-Q），主要为关于模型 1 的残差正态性的检验结果。由于因变量为正态分布，因此当预测变量值固定时，残差值应该呈现为均值为 0 的正态分布，则图中的点应落在呈 45° 角的直线上。显然，图 5-8 中的点符合这样的分布，说明模型中的残差值为正态分布。

图 5-9 为位置尺度图（Scale-Location），可以看出点随机分布在红色曲线周围，说明满足同方差假设 [①]，即因变量与误差项之间相互独立。

图 5-10 为残差与杠杆图（Residuals vs Leverage），它用于鉴别异常点等，若存在众多异常点，模型的参数估计值失衡，从而使观测点偏离真实情况，模型的稳健性被削弱。由图中可以看出，点 13、26、29 为异常点，但由于残差仍是正态分布，说明这三个异常点并没有对模型造成太大影响，模型依旧在正常范围内。

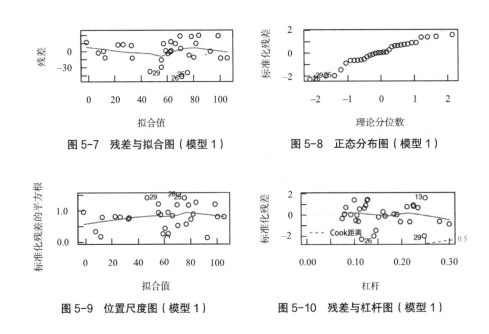

图 5-7　残差与拟合图（模型 1）　　图 5-8　正态分布图（模型 1）

图 5-9　位置尺度图（模型 1）　　图 5-10　残差与杠杆图（模型 1）

同样对模型 2 进行上述检验，结果如图 5-11 ～图 5-14 所示。由图可知模型 2 的线性关系成立，残差呈正态分布，同时满足同方差性假设，存在的异常点为 5、21、27。

---

① 同方差性为线型回归最小二乘法的假设之一，在误差项与因变量相互独立的前提下，误差项的方差相同。这样的假定能够保证回归参数具有良好的统计性质，从而得到准确、有效的预测结果。

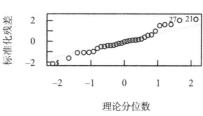

图 5-11　残差与拟合图（模型 2）　　　　　图 5-12　正态分布图（模型 2）

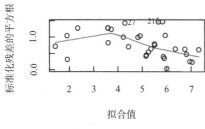

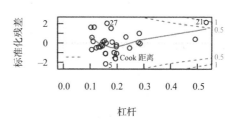

图 5-13　位置尺度图（模型 2）　　　　　图 5-14　残差与杠杆图（模型 2）

综上所述，模型 1、2 均可以用线性关系解释，并可建立有效的因变量与自变量之间的关系，预测结果亦能够在一定范围内达到准确预测，即两个模型均成立。

5.3　模型的可预测性验证

5.3.1　模型预测结果及分析

本研究以七里海古潟湖湿地（即验证场地）中的 7 类生境为研究对象，取每类生境的 7 个因子的数值为验证数据（Testing data）。代入由参考场地中相关数据所建立的两种模型中，得到根据模型算法和各因子取值，计算出的验证场地各类栖息生境 Patrick 丰富度与共位群丰富度的理论值，其与实际值之间的差距如表 5-6 所示。

模型 1、2 计算出的验证场地内各生境中的鸟类丰富度预测值与实际值　　表 5-6

生境类型	模型 1（Patrick 丰富度）			模型 2（共位群丰富度）		
	预测值	实际值	差距	预测值	实际值	差距
芦苇沼泽（RM）	89.3	49	40.3	6.2	6	0.2
盐地沼泽（SM）	81.0	40	41	5.7	5	0.7
开阔水面（WA）	54.2	45	9.2	4.2	6	−1.8
草地（ME）	32.7	35	−2.3	3.2	5	−1.8
疏林灌木（ST）	61.7	22	41.7	4.6	4	0.6
农田（AF）	35.3	31	4.3	3.3	5	−1.7
建筑用地（BRs）	9.0	5	4	1.5	2	−0.5

由表中数据可知，在关于 Patrick 丰富度的预测中，芦苇沼泽、盐地沼泽、疏林灌木的预测结果不理想，其余数据差距较小，基本能够准确预测；关于共位群丰富度的预测中，开阔水面、草地、农田的预测结果不理想，其余数据差距较小，基本能够准确预测。

1. Patrick 丰富度预测结果分析与讨论

由模型建立时对重要因子的选择可知，人类干扰程度、植物水平斑块丰富度及植物香浓－威纳指数是 Patrick 丰富度的重要因子，同时为模型 1 的建立提供了有效数据。对比三个参考场地与验证场地内芦苇沼泽、盐地沼泽和疏林灌木的各因子取值。如图 5-15 显示，七里海古潟湖湿地中，芦苇沼泽的人类干扰程度高于其他三个参考场地中芦苇沼泽湿地的人类干扰程度的平均值，植物水平斑块丰富度的取值基本等于其他三处场地的平均值，水平斑块丰富度及植物香浓－威纳指数远低于其他三处场地的平均值。根据人类干扰程度与 Patrick 丰富度呈负相关，植物水平斑块丰富度及植物香浓－威纳指数与之呈正相关，在这三个因子的影响下，七里海古潟湖湿地中芦苇沼泽的 Patrick 丰富度低于其他三个湿地内芦苇沼泽的 Patrick 丰富度；分析盐地沼泽的相关取值可知，七里海古潟湖湿地的人类干扰程度略高于其他三个场地的平均值，植物水平斑块丰富度的取值略低于其他三处场地的平均值，植物香浓－威纳指数的取值远低于其他三处场地的平均值，因此七里海古潟湖湿地盐地沼泽这三方面的环境条件，比其他三个湿地中盐地沼泽的环境条件差，其 Patrick 丰富度也低；分析疏林灌木的三项因子取值，七里海古潟湖湿地的人类干扰程度远高于其他三个场地的平均值，植物水平斑块丰富度的取值略高于其他三处场地的平均值，植物香浓－威纳指数的取值低于其他三处场地的平均值，总体环境水平略差于其他三个湿地中树林灌木的环境条件。

此外，在三处参考湿地中共有 8 类生境，而七里海古潟湖湿地中缺少果园。对果园具有栖息偏好的鸟类，及其对其他生境的使用情况、共位群等信息如表 5-7 所示。其中树麻雀与喜鹊在每种生境中均有出现，不做研究。出现在果园中的鸟类多为迁徙鸟，4 种为夏候鸟，3 种为冬候鸟，仅 1 种为留鸟，因此这些鸟类对生境的选择，会以食物为主要选择标准。

在本次调查中：苍鹭仅在芦苇沼泽、开阔水面中各出现 1 次，但根据记录，曾有少数个体出现在近水的林缘及果园附近，它主要以小型鱼类、虾、泥鳅、蛙、昆虫等为食；鹤鹬主要出现在芦苇沼泽、开阔水面等近水区域，但在疏林灌木及果园中各出现 1 次，它主要以甲壳虫类、软体动物、水生昆虫等为食；珠颈斑鸠主要出现在有乔灌木生长的环境中及农田，它主要以植物种子，如谷物、油菜、绿豆、芝麻等为食，有时也食用蜗牛、昆虫等软体动物；戴胜主要出现在林缘耕地及果园等环境中，且将窝搭在树上，主要以昆虫及其幼虫为食，如蝗虫、金龟子、蛾类、蝶类幼虫等；棕腹啄木鸟主要出现在树干等处，且调查时发现此类鸟常选择树叶茂密的成年大树栖息，

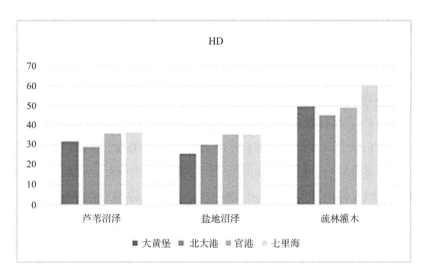

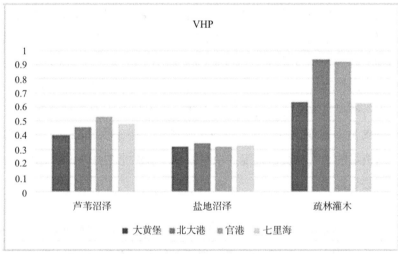

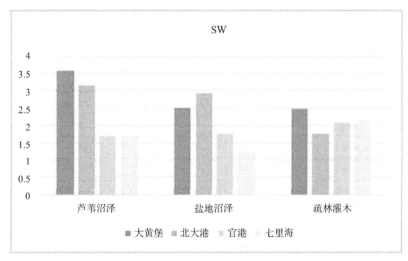

图 5-15　四处湿地内芦苇沼泽、盐地沼泽和疏林灌木的人类干扰程度、
水平斑块丰富度及植物香浓 - 威纳指数取值

以昆虫为食，如蚂蚁、鳞翅目幼虫等；小鹀主要出现在杨树、柳树及灌丛、芦苇丛、农田旷野中，主要以植物种子、灌木浆果等为食，偶尔吃昆虫及昆虫幼虫和卵；苇鹀多出现在芦苇丛中及近水的柳树或其他树叶稀疏的小树上，主要以芦苇种子、杂草种子等为食，但越冬时食用昆虫、虫卵等；北红尾鸲主要出现在低矮的树丛和灌丛中，在农田中及村庄附近亦有出现，主要以昆虫及其幼虫为食；斑鸠常成群地出现在树林及农田中，主要以杂草种子、植物嫩叶、农作物种子等为食；攀雀主要出现在芦苇丛、盐地沼泽中，少量在柳树、杨树等树间活动，主要以昆虫为食，也食用植物的叶、花、芽等；云雀常在较开阔的生境中活动，调查中亦发现成群的云雀在树林灌木下层及果园下层活动觅食，主要以昆虫为食，如甲虫类、蜘蛛、蛾类及其幼虫等；苍鹰、雀鹰、黑翅鸢、毛脚鵟四种鸟均为猛禽，在所调查的场地中根据记录停留时间极短，且主要应是捕捉食物出现，主要以田间老鼠、兔子、小鸟、爬行动物等为食；棕扇尾莺主要出现在灌丛及低矮的树木上，也出现在农田中，主要以昆虫及其幼虫为食，有时也食用蜘蛛、蚂蚁等无脊椎动物和杂草种子等；黄眉柳莺多出现在柳树丛、其他林缘灌木、果园和农田中，在村庄中亦常见，主要以蚜虫和小型昆虫为食；白头鹎常在果树上活动，也见于疏林灌木和农田中，以植物种子为食，偶尔啄食昆虫。由此可以发现，农田、果园等能够为鸟类提供丰富的食物资源，因此尽管面积并不大，对鸟类的吸引力较强，其单位面积的鸟类丰富度较高。而七里海古潟湖湿地中缺少果园这一类生境，且疏林灌木和农田内植物的水平斑块丰富度和植物香浓 – 威纳指数并不高，因此对鸟类来说，其食物资源不够丰富。

出现在果园中的鸟类共位群及其在各类型生境中出现的频率　　表 5-7

共位群	物种	芦苇沼泽	盐地沼泽	开阔水面	草地	疏林灌木	果园	农田	建设用地	居留型
涉水捕食类	鸬鹚			132	29	13	23			M
	普通秋沙鸭			105		45	54			M
	苍鹭	1		1		0	0			S
探查类	鹤鹬*	24		94		1	1			M
	珠颈斑鸠					171	212	379		R
	戴胜					81	88	173		S/M
	棕腹啄木鸟					35	67			M
地面收集类	树麻雀	—	—	—	—	—	—	—	—	R
	小鹀	17				11	16	39	5	W/M
	苇鹀	29				6	10			W
	北红尾鸲*					41	57	72	12	S/M
	斑鸠*					217	193	166		M
	攀雀*	133	11			74	52			M

续表

共位群	物种	芦苇沼泽	盐地沼泽	开阔水面	草地	疏林灌木	果园	农田	建设用地	居留型
地面收集类	云雀	36			38	14	12			W
猛扑类	苍鹰					1	1			M
	雀鹰					0	0	1		M
	黑翅鸢					0	0	0		M
	毛脚鵟						0	0		M
芦苇及灌丛捕食类	棕扇尾莺*				38	21	29	29		M
树间捕食类	喜鹊*	—	—	—	—	—	—	—	—	R
	黄眉柳莺*					71	68	110	10	M
	白头鹎*					1	4	1		S/M

注：*表示调查中该物种并没有在验证场地（七里海古潟湖湿地）中出现；表中数字表示在此次调查中，该物种在这一类生境中出现的个体数。其中 0 表示在此次调查中并未出现，但在记录中曾出现在该生境中；鸟类居留型中 R 为留鸟，S 为夏候鸟，W 为冬候鸟，M 为迁徙鸟。

2. 共位群丰富度预测结果与讨论

对于共位群丰富度，主要的影响除人类干扰程度、植物水平斑块丰富度及植物香浓 – 威纳指数外，面积亦为其主要影响因子。对比各湿地内开阔水面、草地、农田的取值可发现（图 5-16），七里海古潟湖湿地中，开阔水面的人类干扰程度高于其他三个参考场地中芦苇沼泽湿地的人类干扰程度的平均值，植物水平斑块丰富度的取值为 0，与大黄堡湿地、北大港湿地自然保护区开阔水面的该项取值相同，植物香浓 – 威纳指数也低于其他三处场地的平均值，但七里海古潟湖湿地中开阔水面的面积远大于其他三个湿地中开阔水面面积；由草地的相关取值可知，七里海古潟湖湿地内该生境的人类干扰程度略低于其他三个场地的平均值，植物水平斑块丰富度的取值略高于其他三处场地的平均值，植物香浓 – 威纳指数的取值略低于其他三处场地的平均值，但面积远大于其他三个湿地内草地的面积；分析农田的相关取值可知，七里海古潟湖湿地内农田的人类干扰程度高于其他三个场地的平均值，植物水平斑块丰富度的取值略低于其他三处场地的平均值，植物香浓 – 威纳指数的取值低于其他三处场地的平均值，而面积远大于其他三个湿地内草地的面积；综合上述分析，尽管七里海古潟湖湿地内开阔水面、草地、农田的人类干扰程度高于其他湿地内相同生境，而植物水平斑块丰富度、植物香浓 – 威纳指数并不高，但由于三类生境的面积远远大于其他湿地内相同生境，因此最终共位群丰富度显示较高。

5.3.2　模型预测结论对假设的验证

本研究中通过模型的建立选取了重要的环境因子，并建立了环境因子与两种鸟类丰富度的关系及方程。对于模型的验证分析首先是对于模型建立前相关预测问题的回

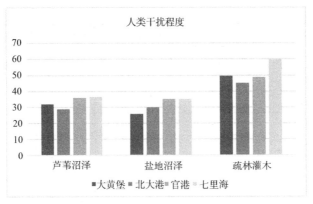

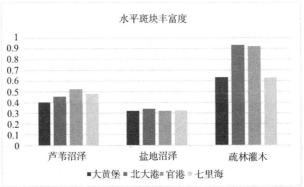

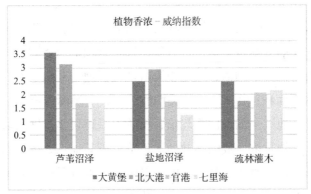

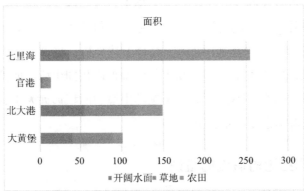

图5-16　四处湿地内开阔水面、草地和农田的人类干扰程度、
水平斑块丰富度、植物香浓－威纳指数及面积取值

答，同时也是对以上模型分析结果的总结。需要明确的是，本文中所呈现的用于预测的相关数据是针对鸟类物种和每类生境的，而非鸟类的个体数量及生境斑块。

假设问题 1：鸟类生境的面积越大，鸟类的物种丰富度越高。

多数文献研究结果表明，面积是影响物种丰富度的重要因子[5, 149, 152, 159-161]，然而本研究相关性分析却显示生境面积与物种丰富度的积极相关性并不显著。分析数据发现，果园与农田单位面积的物种丰富度最高。据鸟类基础调研数据，使用这两类生境的鸟种多为迁徙鸟，且个体数量众多。在迁徙季节，沿海湿地内迁徙鸟大量聚集，果园和农田拥有较为丰富的食物供给，因此大部分迁徙鸟会出现在这两类生境中，此时面积不再是影响鸟类丰富度的主要因素。此外，官港森林公园在地理位置上与北大港湿地自然保护区相近，因此部分出现在北大港湿地的鸟类也会出现在官港森林公园，因而形成其单位面积鸟类丰富度较高的状况。

假设问题 2：不同的生境类型对鸟类丰富度的贡献并不相同。

对出现在四处湿地内各生境中的所有鸟类进行统计，以鸟类种类为单位，每种不同生境被鸟类选择的情况如图 5-17 所示。在不同栖息地中出现的鸟种数从高到低依次为芦苇沼泽、开阔水面、盐地沼泽、树林灌木、草地、农田、果园、建设用地。由于出现在研究的四处湿地中的鸟类多为水鸟及以迁徙为主的猛禽，因此水域环境，如芦苇沼泽、盐地沼泽、开阔水面等为其偏好生境，在这三类生境中出现的鸟种数也最高。此外，鸟类对生境的选择还取决于食物资源的丰富度，如农田环境中出现的小型哺乳类动物能够为猛禽提供食物来源，而疏林灌木、草地中的昆虫能够为肉食性鸟类提供食物。这一结果符合在本区域中鸟类的特点。

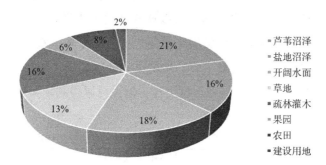

图 5-17　四处湿地内各类型栖息地中出现的鸟类物种数平均值

假设问题 3：有些生境只能对某类或某几类鸟类共位群产生吸引作用。

本研究中共位群的划分依据为鸟类的捕食方式，而捕食方式通常是与捕食环境相关联的。调研中发现除喜鹊、树麻雀等鸟类在所有生境类型中出现外，其余鸟类会选择一类或几类生境为其偏好栖息地，而处于相同共位群中的鸟类对生境的选择亦具有相似性，鸟类共位群对生境的选择偏好如前文表 4-3 中所示。统计四处湿地中每类生境中所有鸟类共位群的分布情况，结果如图 5-18 所示，疏林灌木中所承载的鸟类共位群最多，其次为芦苇沼泽、盐地沼泽、农田等环境。尽管多数鸟类通常会选择多种不同类型生境，但每种鸟类具有其首选生境和次选生境[154]，说明每类栖息地环境对鸟类的吸引程度并不相同。

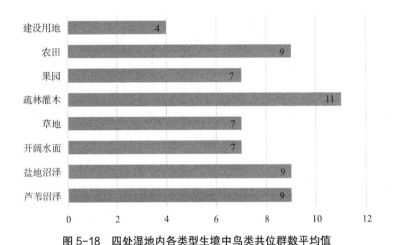

图 5-18　四处湿地内各类型生境中鸟类共位群数平均值

假设问题 4：随着生境类型的多样性的增加，鸟类丰富度会随之增加。

已经由前文的分析中得到，果园的出现为鸟类提供了丰富的食物资源和竖向生境，而果园生境只存在于参考湿地内，验证场地中缺乏该类栖息环境，表 5-8 为出现在果园中的鸟类及其在其他栖息环境中出现的情况。其中鹤鹬、北红尾鸲、斑鸠、攀雀、棕扇尾莺、黄眉柳莺、白头鹎共 7 类鸟并未出现在七里海古潟湖湿地中，这些鸟类多数均为迁徙鸟，仅两种同时为夏候鸟，所以这些鸟类主要吸引物为食物资源。且这 7 类鸟在三处参考湿地中出现的生境类型主要还包括疏林灌木、农田、开阔水面等，说明对于这 7 类鸟，果园环境仍是最主要的生境类型，所能提供的食物资源亦是其他类型生境所无法代替的。因此，在场地尺度下这一假设可以得到证实。

出现在果园中的鸟类及其对其他类型生境的使用情况　　　　　　　表 5-8

	芦苇沼泽	盐地沼泽	开阔水面	草地	疏林灌木	果园	农田	建设用地	居留型
鸬鹚			*	*	*	*			M
普通秋沙鸭			*		*	*			M
苍鹭	*		*		*	*			S
鹤鹬*	*		*		*	*			M
珠颈斑鸠					*	*	*		R
戴胜					*	*	*		S/M
棕腹啄木鸟					*	*			M

续表

	芦苇沼泽	盐地沼泽	开阔水面	草地	疏林灌木	果园	农田	建设用地	居留型
树麻雀	—	—	—	—	—	—	—	—	R
小鹀	*				*	*	*	*	W/M
苇鹀	*				*	*			W
北红尾鸲*					*	*	*	*	S/M
斑鸠*						*	*		M
攀雀*	*	*				*	*		M
云雀						*			W
苍鹰						*	*	*	M
雀鹰						*			M
黑翅鸢				*	*	*	*		R
毛脚鵟						*	*		M
棕扇尾莺*						*	*	*	M
喜鹊	—	—	—	—	—	—	—	—	R
黄眉柳莺*					*	*	*	*	
白头鹎*						*	*	*	S/M

注：表中 * 表示该物种并未在七里海古潟湖湿地中观察到；居留型中 R 表示为留鸟，S 表示为夏候鸟，W 表示为冬候鸟，M 表示为迁徙鸟。

此外，本研究中所选取的植物香浓 – 威纳指数代表了生境中植物的丰富度情况，且通过 Lasso 回归分析得到植物香浓 – 威纳指数与鸟类 Patrick 丰富度及共位群丰富度之间均存在正相关的关系，即随着生境中植物的丰富度提高，威纳指数与鸟类 Patrick 丰富度及共位群丰富度亦随之提高。因此，在生境斑块尺度下，该假设亦可成立。

假设问题 5：生境斑块尺度下水平斑块丰富度的提高能够促使鸟类物种丰富度的提高。

该假设已在前文中得到了证明，通过 Lasso 回归分析得到植物水平斑块丰富度在针对鸟类 Patrick 丰富度及共位群丰富度建立的模型中，均被选择为重要因子，且建立了用以预测的模型。可以得到的结论是植物水平斑块丰富度能够促进鸟类的物种丰富度及共位群丰富度，即该环境因子与因变量之间存在正相关关系。

假设问题 6：人类干扰程度对鸟类丰富度有消极影响作用。

尽管有些文献中显示，人类的干扰在生态系统形成的早期阶段，或在某些物种在特定栖息环境中聚集的前期阶段，能够在一定程度上起到促进作用[162]。且如屋宇、道路、堤坝或农田等人为活动形成的场所能够为鸟类提供栖息环境或食物资源，但现阶段总体而言人类活动对鸟类丰富度的影响仍为负面干扰远大于正面促进的程度。

5.4　小结

本章内容主要是针对鸟类丰富度与其栖息环境关系，建立模型的过程及结果。根据前文中对鸟类丰富度和环境因子的选取及相关数据运算，形成用于模型建立的2项因变量和7项自变量。

在模型建立前根据相关参考文献提出了6点假设，主要是对相关环境因子对鸟类丰富度影响的预测。在进行模型建立时，首先对于各自变量进行了相关性的分析，得出面积及面积百分比之间存在较强的共线性，说明这两种指标在进行其他回归分析时将可能只有其中一种被选择为重要指标。其余相关指标各自独立，均具备被选择为重要指标的条件。在分析自变量与因变量的关系时，主要进行了Lasso回归分析。该回归分析方法运行过程中首先会选择出对于因变量而言最主要的自变量，以此为模型建立的主要因子。最终的模型所使用的数据为三处参考场地中各生境内的相关数据，并分别就鸟类的物种丰富度和共位群丰富度与所选择出的环境因子之间的关系进行了模型的建立。在模型建立后，通过残差与拟合图、正态分布图、位置尺度图及残差与杠杆图等对自变量与因变量之间的线性关系进行了检验，以确定模型的有效性。

此后利用已经建立起的模型，对验证场地各生境中的两种鸟类丰富度进行了预测。将预测结果与实际值对比，结果表明多数预测值较为准确，部分有所偏差。文中对预测结果与实际值偏差相对较大的生境类型进行了单独分析，补充说明了模型对重要环境因子选择的准确性。根据所建立的模型及预测结果，对前文中根据参考文献提出的6条假设进行了一一验证。其中"面积"这一环境因素在本研究中并未起到关键作用，是由于四处湿地生态系统所处的大环境为近海的滨海区域，迁徙鸟类占所有鸟类的大多数，这些鸟类在生境内主要的活动为觅食，因此食物资源丰富的栖息环境能够产生较强的吸引力，因此这一结论符合本区域的实际情况。由于调查所得到的鸟类总体可分为水鸟及林鸟，对于水鸟而言，芦苇沼泽、盐地沼泽、开阔水面等栖息环境为其偏好生境；对于林鸟而言，疏林灌木丛或草地能够为此类鸟类提供营巢环境和栖息场所，而农田、果园等则能够为其提供丰富的食物资源。因此不同栖息环境能够对不同鸟类产生吸引力，且吸引程度并不相同。在进行场地的修复和营造时，将以不同生境所具备的特点和对鸟类主要的吸引点为设计依据。此外，根据模型中所选择的重要影响因子，可得出这些自变量对鸟类丰富度产生的积极或是消极作用。其中人类干扰在所调研的四处湿地内均产生了负面影响，而本研究中是以监测点中所测量到的声音分贝代替人类干扰程度的，因此在进行生境修复时，需要应用相关景观设计或规划的手法，在不破坏原本生境的前提下，尽量降低噪声对鸟类生境所造成的影响。

第6章

鸟类及其生境关系引导下的生态修复策略

6.1 生境的划分及鸟类空间分布

6.1.1 生态系统尺度下鸟类的空间分布

不同种类的鸟类，其活动范围在竖向高度上通常会有如图 6-1 所示的分类，同样的在横向尺度上也相应地存在活动范围的差别。居留型猛禽，飞行高度较高，活动范围较广，如在整个滨海区域或整个天津市尺度的上空或相关地面生境活动；夏候鸟或冬候鸟中能够在一定高度中飞行的鸟类，其活动范围可以为多个适宜的栖息场地，如水鸟可选择多个湿地、浅滩或公园等场地内的有水环境，林鸟可选择多处有乔木林等的生境。迁徙类猛禽的活动范围更广，且多数猛禽原本生存环境为成熟森林、山林及悬崖等处，若原始自然条件无法提供适宜的环境，则可以考虑能够为其提供暂时停留的高大乔木环境，或丰富的食物资源条件等。在场地尺度下，需要根据出现的鸟类对生境的偏好和具体使用情况进行分析和统计，并尽量保证在新建的或待修复的场地中存在所需要的栖息环境。

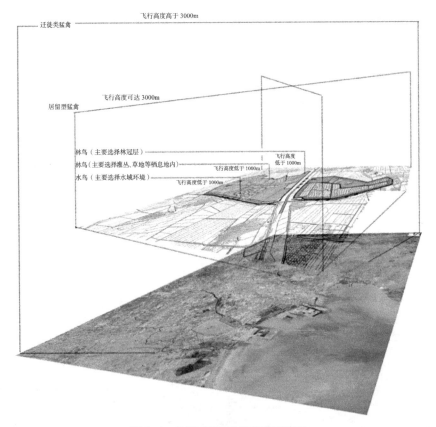

图 6-1 鸟类对不同生境的使用情况

6.1.2　斑块尺度下鸟类的空间分布

文中斑块尺度主要是同一场地内不同栖息地类型的划分（如相关英文文献中所用的词汇为 Habitat patch level[5]）。

湿地生态系统内由于不同的植物群落，有水无水环境的区别，不同的斑块存在类型等形成了丰富的鸟类栖息环境。前文中我们将四个湿地内的斑块尺度下的生境划分为共 8 类，即：芦苇沼泽、盐地沼泽、开阔水面、草地、疏林灌木、果园、农田、建筑用地，并分析了每种生境类型的各环境因子及其状况等，表 6-1 显示了四处湿地中所记录的所有鸟类对不同生境的偏好情况。

调查到的所有鸟类在 8 种生境中出现情况　　　表 6-1

编号	种类	芦苇沼泽	盐地沼泽	开阔水面	草地	疏林灌木	果园	农田	建设用地
1	小鸊鷉	*	*	*					
2	凤头鸊鷉	*	*	*					
3	角鸊鷉	*	*	*					
4	黑颈鸊鷉	*	*						
5	琵嘴鸭	*		*	*				
6	鸬鹚			*	*	*	*		
7	普通秋沙鸭			*		*	*		
8	大白鹭	*	*	*					
9	白鹭	*	*	*		*			
10	苍鹭	*	*	*		*			
11	池鹭	*	*	*					
12	夜鹭	*	*	*		*			
13	草鹭	*	*	*					
14	黄斑苇鳽			*		*			
15	大麻鳽	*	*	*					
16	紫背苇鳽	*			*				
17	栗苇鳽			*	*			*	
18	反嘴鹬	*	*	*				*	
19	黑翅长脚鹬	*	*	*					
20	灰头麦鸡	*	*					*	
21	金眶鸻	*	*	*					
22	环颈鸻	*	*		*			*	
23	灰斑鸻			*	*				
24	蒙古沙鸻			*	*				
25	铁嘴沙鸻	*		*	*	*			

续表

编号	种类	芦苇沼泽	盐地沼泽	开阔水面	草地	疏林灌木	果园	农田	建设用地
26	红脚鹬	*	*	*					
27	泽鹬	*		*	*				
28	矶鹬	*		*	*				
29	青脚鹬	*	*	*					
30	白腰草鹬	*	*	*					
31	鹤鹬	*		*		*	*		
32	林鹬	*	*	*					
33	长趾滨鹬	*	*		*				
34	白腰杓鹬				*				
35	大杓鹬	*	*	*					
36	针尾沙锥	*	*		*				*
37	扇尾沙锥		*	*					
38	珠颈斑鸠					*	*	*	
39	山斑鸠	*	*	*					
40	戴胜					*	*	*	
41	棕腹啄木鸟					*	*		
42	红尾伯劳				*	*			
43	东方白鹳	*	*		*	*			
44	黑脸琵鹭	*	*						
45	灰鹤	*	*		*			*	
46	白琵鹭	*	*	*		*			
47	鸿雁	*	*		*				
48	豆雁	*	*		*				
49	灰雁	*	*	*	*				
50	大天鹅	*		*					
51	小天鹅	*		*					
52	疣鼻天鹅	*	*						
53	绿翅鸭	*	*	*					
54	赤颈鸭	*	*	*	*			*	
55	红头潜鸭	*		*					
56	鹊鸭	*		*					
57	斑头秋沙鸭			*		*			
58	绿头鸭	*	*	*					
59	赤麻鸭	*		*	*			*	
60	白眉鸭	*	*	*	*				
61	翘鼻麻鸭	*	*		*				

续表

编号	种类	芦苇沼泽	盐地沼泽	开阔水面	草地	疏林灌木	果园	农田	建设用地
62	黑尾鸥	*	*		*				
63	海鸥	*	*	*	*				
64	红嘴鸥			*		*			
65	灰背鸥			*	*				
66	须浮鸥	*	*	*					
67	燕鸥	*	*	*					
68	遗鸥		*						
69	黑水鸡	*	*	*					
70	骨顶鸡	*	*	*					
71	弯嘴滨鹬	*	*	*	*			*	
72	凤头麦鸡	*	*	*					
73	剑鸻	*	*	*	*			*	
74	树麻雀	*	*	*	*	*	*	*	*
75	小鸦	*				*	*	*	*
76	苇鹀	*				*	*		
77	芦鹀	*			*	*			
78	家燕	*			*	*			*
79	岩鸽	*				*		*	
80	黄鹡鸰	*	*	*					
81	白鹡鸰	*	*	*					
82	红喉鹨	*	*	*	*				
83	北红尾鸲					*	*	*	*
84	斑鸠					*	*	*	
85	攀雀	*	*						
86	云雀					*	*		
87	灰头鹀	*			*	*			
88	树鹨	*							
89	水鹨					*		*	
90	黑鸢				*	*			
91	黑耳鸢			*		*			
92	苍鹰					*	*	*	
93	雀鹰					*	*	*	
94	白尾鹞				*	*		*	
95	鹊鹞	*	*	*	*				
96	白头鹞	*	*					*	
97	白腹鹞	*							

续表

编号	种类	芦苇沼泽	盐地沼泽	开阔水面	草地	疏林灌木	果园	农田	建设用地
98	普通鵟					*			
99	大鵟				*				
100	草原鹞				*	*			
101	黑翅鸢				*	*	*	*	
102	毛脚鵟					*	*		
103	红尾伯劳				*	*			
104	灰伯劳					*			
105	灰背隼				*	*			
106	燕隼				*	*			
107	游隼			*	*	*			
108	鹗			*	*	*			
109	长耳鸮	*	*		*	*			
110	黑嘴鸥					*			
111	白翅浮鸥		*	*					
112	黄爪隼				*				
113	红隼				*	*		*	
114	东方角鸮					*		*	*
115	纵纹腹小鸮			*		*			
116	普通雕鸮					*			
117	东方大苇莺	*						*	
118	黑眉苇莺	*	*					*	
119	棕扇尾莺					*	*	*	
120	红喉（姬）鹟					*			
121	大斑啄木鸟					*			
122	灰头绿啄木鸟					*			
123	白尾海雕			*					
124	四声杜鹃					*			
125	喜鹊	*	*			*	*		*
126	大杜鹃	*	*						
127	黄眉柳莺					*	*	*	*
128	白头鹎					*	*	*	
129	金腰燕				*				
130	黑卷尾								
131	黑喉石即鸟	*	*		*			*	

6.1.3　小生境尺度下鸟类的空间分布

本研究中小生境尺度是指每种生境类型中，组成不同生境的单个斑块的范围尺度 [149, 163]。

在实际修复规划时，需要对生境进一步划分，并总结鸟类对小生境的偏好情况，以此为依据，才能提出具体的方案措施。根据鸟类的整体空间分布特征，以现有的 8 类生境为前提，结合文献参考所得关于鸟类对生境特征的喜好，可以对斑块尺度下的栖息环境进一步细分，如表 6-2 所示。

鸟类生境的三级划分及特征描述　　　　　　　　　　　　表 6-2

一级用地	二级用地	三级用地	用地描述
水体	水面	开阔水面	水深较深处
		浅水区域	有水生植物生长
	沼泽	芦苇沼泽	生长有芦苇等植物的沼泽湿地
		盐地沼泽	生长有盐地碱蓬等植物的湿地
		滩涂湿地	多为泥滩
近水区域	水中岛屿	水中岛屿	如鸟岛等，在开阔水面中央
	驳岸	硬驳岸	如堤坝等，由石块堆砌或钢筋混凝土浇筑等
		软驳岸	由植被等覆盖
林地	乔木林（林下无其他生活型植被，或林下植物覆盖率小于15%） 灌丛 乔灌木林	常绿疏林	以常绿乔木为主，乔木覆盖率小于30%
		落叶疏林	以落叶乔木为主，乔木覆盖率小于30%
		混交疏林	同时生长有常绿和落叶乔木，乔木覆盖率小于30%
		常绿密林	以常绿乔木为主，乔木覆盖率大于70%
		落叶密林	以落叶乔木为主，乔木覆盖率大于70%
		混交密林	同时生长有常绿和落叶乔木，乔木覆盖率大于70%
		常绿乔木林	以常绿乔木为主，乔木覆盖率为30%～70%
		落叶乔木林	以落叶乔木为主，乔木覆盖率为30%～70%
		混交乔木林	同时生长有常绿和落叶乔木，乔木覆盖率为30%～70%
		常绿灌丛	常绿种灌木，高度为 1～1.5m，丛生，覆盖率小于30%
		落叶灌丛	落叶种灌木，高度为 1～1.5m，丛生，覆盖率小于30%
		混交灌丛	常绿种与落叶种混交灌木，高度为 1～1.5m，丛生，覆盖率小于30%
		常绿矮灌丛	常绿种灌木，高度小于1m，丛生，覆盖率小于30%
		落叶矮灌丛	落叶种灌木，高度小于1m，丛生，覆盖率小于30%
		混交矮灌丛	常绿种与落叶种混交灌木，高度小于1m，丛生，覆盖率小于30%
		常绿疏林灌木	常绿乔木覆盖率小于30%，灌木覆盖率大于15%
		落叶疏林灌木	落叶乔木覆盖率小于30%，灌木覆盖率大于15%

一级用地	二级用地	三级用地	用地描述
林地	乔木林（林下无其他生活型植被，或林下植物覆盖率小于15%）灌丛乔灌木林	混交疏林灌木	常绿与落叶乔木覆盖率小于30%，灌木覆盖率大于15%
		常绿密林灌木	常绿乔木覆盖率大于70%，灌木覆盖率大于15%
		落叶密林灌木	落叶乔木覆盖率大于70%，灌木覆盖率大于15%
		混交密林灌木	常绿与落叶乔木覆盖率大于70%，灌木覆盖率大于15%
		常绿多层林地	常绿乔木覆盖率大于30%，灌木覆盖率大于15%，下层有草本植物
		落叶多层林地	落叶乔木覆盖率大于30%，灌木覆盖率大于15%，下层有草本植物
		混交多层林地	常绿与落叶乔木覆盖率大于30%，灌木覆盖率大于15%，下层有草本植物
草地	草地	野生型杂草地	主要为草本植物，木本植物覆盖率小于15%，且多为野生杂草，无人工修养
		人工型草地	人工修养，如果园内等，植株高度小于0.5m
耕地	耕地	有水型耕地	如水稻田
		无水型耕地	如玉米、大豆、高粱等
果园（常为人工种植、管理）	果园	林木型果园	如苹果林、柿子林等
		藤本型果园	如葡萄等
人工用地	人工用地上层	建筑屋顶	
		公路堤坝等	
		铺装道路	如木栈道、铺有草地砖的停车场等
裸地	裸地	裸地	废弃地，无植被覆盖
高空	高空	高空	某些猛禽类盘旋在上空

6.2 湿地生态系统修复的规划设计策略

6.2.1 湿地生态修复步骤

生态系统的修复规划设计是综合了保护与重建等多方面的任务，且通常情况下需要投入比普通规划设计项目更长的时间，更多的经济支持。尽管全世界范围内，已经完成或正在进行的生态修复项目不胜枚举，且已经根据成功的案例积累了经验，然而仍然有些项目经过修复后未能解决之前的问题，甚至引入了新的问题。而关于生态修复规划设计的步骤策略亦较多，侧重点也略有不同。如其中生态修复协会（Society for Ecological Restoration International，SER）所提出的相关策略，强调修复规划需要将生态系统的服务功能及修复工程的投资预算等纳入考虑的范畴，同时需要明确目前和将来可能的生态系统退化所造成的损失。此外，在修复规划进行中和完成后应该使公众、政策制定者及相关环境管理人员同时参与，尤其需要向大众强调的不能是空谈口号的关于湿地的重要作用，而应该深入浅出地说明湿地生态系统所提供的服务功能以及其在保护生物多样性方面的重要作用。同时，还可通过实际数据展示每年由于旅游人数过量、废水排放、工业污染等对湿地生态系统所造成的生物多样性损失及相应的经济损失。根据 SER 所提出的规划准则，结合中国具体实际情况及在实际规划设计中需要改进的方面，总结出的关于生态系统的规划设计步骤主要可从以下 7 方面着手[33]。

1. 场地的确定

待修复场地在实际工程项目中通常是由投资方提供的，在研究项目中的场地通常是最能够反映研究问题的特定场地，这一阶段对于场地需要有关于方位及周围交通情况等的初步认识。

2. 修复规划设计目标

目标的确定是规划设计的基本依据，在关于生态系统的规划设计中，目标的确定不仅是投资方所提出的要求，由于此类项目具有相当高的学术要求和专业要求，景观设计师可在初步了解场地的基础上提出相应的可实现性较大的修复目标，并与投资方探讨，最终确定修复目标。

3. 场地调研

场地的调研是整个设计规划的重要基础，涉及的方面较多，可能需要多领域专家的参与，也需要对当地居民进行采访。这一阶段调研的内容需要尽量全面，如待修复生态系统的各项生物要素、非生物要素、周围环境要素等现状情况，及人为干扰情况等，获取一手资料。同时可通过文献查阅、地方志查阅等二手资料，获得场地内生态系统及周围大环境的发展演变过程等信息。

4. 基础数据分析

这一阶段属于内业工作，需要对所获得的未经处理的基础数据进行科学分析，从而对所调研的各项内容进行量化，得到其质量的好坏或关于整个生态系统退化情况的判定。

5. 参考场地的选择

参考场地的作用类似文章的"参考文献"，由于生态系统的修复所经历的时间较长，修复后的作用与功效也需要通过较长时间才能表现，因此在进行工程修复改造时需要谨慎进行，尤其对于新加入的植物、动物、非生物及栖息环境等需要进行严格缜密的判断和论证，以确定其加入的必要性和适宜性，而参考场地对于待修复场地而言是鲜活的依据。参考场地是在进行实地调研后，对待修复场地外的情况进行了数据分析后所确定的，这也意味着对于场地的调研不仅需要针对待修复场地进行，还可能需要在初步确定周围与待修复场地相似的场地后，对这一处或几处相似场地进行相同程度的调研和资料获取。根据本研究,参考场地的界定不再仅限于国外相关领域中的规定，即其必须为未受到人类烦扰、生态环境依然保持较为原始状态的生境，而可以是同样受到了不同程度的人类干扰的生境。通过待修复场地与参考场地的对比，或加入在时间轴上场地自身的纵向对比，从而确定出需要修复和改善，甚至重建的方面。

6. 方案的确定

方案的最终确定是基于前5个步骤的完成，同时仍然需要各个领域的合作完成，更重要的是需要与投资方进行反复的探讨和说明，最终确定双方均满意的修复方案。需要注意的是，方案确定阶段需要将投资金额和时间成本等考虑入内，将修复任务合理划分为多个子项目，从亟待解决的问题和急需修复的方面着手，可通过一期、二期等多次完成整体修复工作。方案的确定还包括了概念规划方案、预备阶段及任务、实施方案、工程实施等多个阶段，每一阶段的主要内容如下：

（1）概念规划方案：概念规划是在方案最终确定前所提出的，且可通过专家讨论和论证等进行反复修改。这一层级的方案可展示经过调研和分析所得到的关于生态系统中各环境要素、生物要素等的详细现状及健康质量，修复的目标，以及相关修复所需的场地周围环境信息和历史发展状况等，同时需要明确目前阶段对于生境和生态系统所产生的压力，以及通过分析提出的合理的可实施的规划设计方案与策略。需要注意的是，规划设计方案应该将需要进行修复的场地放在更大的景观范围内，了解应该如何将该场地作为大范围景观有效地连接。

（2）预备阶段及任务：这一阶段需要落实各项子任务，并确定每一步中可能需要的工程技术手段。普通规划设计项目中，通常需要遵循的原则是进行统一整体设计施工，并通过自上而下的具体步骤，针对设计的每个方面进行相应的施工建设。与生态系统的修复规划设计不同之处在于，具体施工阶段通常首先需要选择待修复场地中的其中一块场地作为试验场地，并进行相关修复规划设计。

（3）实施方案：这一阶段是规划设计方案落地的过程，原则上应该遵循方案设计中具体目标与步骤，且在普通规划设计中设计师通常希望施工过程能够严格按照图纸设计进行。但在实际施工中可能会遇到前期并未发现的问题，这就需要及时调整设计方案，或通过工程技术手段解决问题。方案的实施过程中需要遵循一定的绩效标准，并同时对生态系统进行监视，防止施工过程中无意间造成的破坏、侵蚀或生物入侵等灾难。

7. 工程评估与宣传

工程方案实施后的评估是生态系统修复成功与否的重要组成部分。全面彻底地对修复后的部分进行定期监测和数据统计，能够保证实施方案具体目标和每一步骤达到最初规划设计时的设定。此外，需要同时进行的工作内容还包括对修复场地的适应性管理及后期维护。项目完成后的宣传亦是重要的保护手段，尤其对周围居民进行教育并宣传湿地保护的重要性是极其必要的。同时，修复后的场地可作为科研、教育基地，增加全民对湿地生态系统的认识和了解，为城市生活的居民提供近距离观察大自然的机会。还可发挥其他价值，如作为观鸟基地，为爱鸟人士提供观鸟场所；或根据具体实际，划分出能够被开发利用的区域，允许一定数量的游客进行湿地生态系统的参观游访和学习等。

从有效利用投入资金，并使得方案最大限度发挥其功效的角度而言，还需要注意以下几方面[164]：

1. 对于湿地生态系统或其他生态系统的修复工作，即使场地中已经存在着退化现象，首先考虑的也应该是如何保护该生态系统的生物多样性及生态系统服务功能，而并非针对退化的具体问题进行修补工作。此外，对场地进行空间的布局规划时，就应该将生态系统的保护考虑在内，尤其对于存在较大发展压力的场地，更应该将保护与发展并重。

2. 如果项目的资金投入较充裕，则需要考虑将部分资金预算纳入对生态系统的长期管理工作中，以促进修复场地和周围环境的逐渐恢复。目前可喜的状况是，由于全球范围内，对湿地生态系统等的认识已经达到了一定的水平，因此这一类修复工作不仅有当地政府和国家作为支撑，同时还有众多非营利机构和专业组织加入其中，因此可以通过向这些组织申请立项以获得相应的资助。

3. 小尺度下的生态修复工程项目不仅需要考虑自身尺度下具体的修复工作，还需要将其放在较大尺度下，可应对一定时间内的土地退化或变化等，并且在生态系统的修复任务中，对于其生物多样性的修复程度直接关系到该生态系统服务功能的质量好坏，而这两方面的修复效果则代表着整个修复工程的成功与否。

4. 实际的修复工作必须具有可实施性，并要汲取其他类似项目中所积累的经验教训，使得修复的具体操作能够具有适宜性，并且能够防止意外情况发生，如引入的新物种可能造成生物入侵等现象。

6.2.2　湿地生态修复中的公众参与

在多数发达国家，民众参与到相关城市或周边区域的规划设计已经形成了较为成熟的体系。以加拿大为例，经过了 80 余年的发展，公众参与的领域已经渗透到了规划设计的众多方面，并根据具体项目的实际情况，参与的程度有所不同。整体而言，公众参与规划设计是通过 5 个层次和步骤进行的。

1. 政府机构公开规划设计项目的客观现状、规划设计目标、方案实施具体步骤及相关预算等方面的信息，通过印发宣传资料、网站介绍说明或公众开放日等方式协助公众了解规划设计所要解决的问题，使公众尽可能多地了解到相关信息；

2. 通过民意调查、公众会议、小组讨论等方式了解公众对于待实施项目的决策及反馈意见，这些意见将被听取后统一整理，并纳入具体方案的调整中。最终采纳公众意见后的决策结果和相关影响等将被公示；

3. 在有些工程项目中，需要邀请部分公众参与项目决策研讨，以确保他们的顾虑及期望，这是项目能够顺利进行并发挥最大功效的重要步骤；

4. 在整体决策及实施细则制定过程中，需要与公众建立良好的合作伙伴关系，他们的建议将被最大程度地采纳，且在讨论过程中，公众从实际生活出发，提出的创新或相关措施将可能成为最终方案的一部分。公众参与的方式可以通过公民咨询委员会等进行组织。

公众是利用城市，与环境相处时间最长的主体，他们关于城市与环境共建、对环境和自然资源的保护等方面最具有发言权，公众参与体现了公众对于城市建设和环境保护等方面的自主性。同时也能有效避免由于沟通不畅造成各方利益失调，并导致发生不必要的冲突。

我国于 2008 年施行的《城乡规划法》中明确提出了公众参与的相关要求，但实际规划设计中公众参与仍然处于"被告知"阶段，并未实现公众真正参与到方案和决策的制定中来。但必须要看到我国特有的现实问题，即幅员辽阔，人口众多，公民素质仍然有待提高等。且我国正处于经济快速发展的阶段，各项任务及工程建设是以提高效率为原则，公众参与需要大量的时间投入，且成本较高。针对我国这一现象，可使公众参与不拘泥于形式，如通过调查问卷、实地采访等方式，仍然以效率优先为原则的前提下，提高公众参与的广度和深度。同时在施工过程中及施工完成后可邀请公众监督，并及时听取公众意见和建议等。

6.3　小结

在进行研究结论指导下的具体修复规划设计时，由于物种多样性能够反映出整个生态系统自身环境质量的优劣及运行状态是否健康，同时亦能够反映出生态系统服务功能的正常与否，而生态系统的生物多样性及其服务功能为其最根本的特征及优势，因此提高待修复场地内物种的多样性是进行生态系统修复工作的最根本的研究目标。

本章内容中对鸟类生境的划分主要从三个层次，即生态系统尺度、斑块尺度和小生境尺度。其中生态系统尺度的范围是涉及了整个天津市范围的横向和纵向的空间；斑块尺度下首先对在芦苇沼泽、盐生沼泽、开阔水面、草地、疏林灌木、果园、农田、建筑用地 8 类生境中出现的鸟类物种进行了分类列表，展示了在实际调查中鸟类对栖息环境的使用情况。在此基础上，根据不同鸟类在生存、活动、觅食、繁殖、营巢等状态下所需的小生境进行了分析和整理，进而对可能适宜鸟类的栖息环境进行了三级生境条件的划分。

对于生态系统修复的规划设计任务而言，其步骤及具体方法等与普通规划设计项目存在一定的差异，尤其体现在对"参考场地"的选择上，这一步亦是修复工作成功与否的关键点之一。在提出具体设计方案的整个过程，仍然是不断讨论和反复修改的过程。生态修复任务的特点之一在于，不论是方案策略提出的环节，或是根据方案施工的过程中，都需要警惕人为介入的工程建设所带来的二次破坏或外来物种入侵。同时，即使在方案完成后的施工过程中，亦需要对整个生态系统的各个方面进行监测，并根据具体情况讨论或修改既定方案。

湿地生态系统的重要性应该被公众真正意识到，因此对于生态系统的修复工作需要公众的参与。工程完成后发挥其教育、科研或观赏的作用是公众参与极其有限的方面，需要让公众真正参与到修复工作中来。本章通过对加拿大相关的规划设计案例中公众参与的具体部分为例，阐述了公众如何在设计过程中进行参与，及他们与政府或投资方等进行交流和共同探讨的过程。但由于我国人口众多、地缘广阔的实际情况，国外公众参与的方式方法仅能够作为我国公众参与方式的参考，还需要根据具体实际，增加关于工程的具体问题及目标等，深入群众进行访谈、调查问卷等方式。此外，还需利用现代交流技术，将工程施工过程中的具体步骤及预算等情况在网络上进行公开，同时及时听取公众意见，使得多方利益群体能够平等交流，从而避免可能发生的冲突等。

第 7 章

七里海古潟湖湿地修复策略探讨

7.1 七里海古潟湖湿地的现状问题及修复目标

7.1.1 待修复场地的具体问题分析

由前文中关于鸟类 Patrick 丰富度及共位群丰富度在四处场地内各类型生境内的取值可以看出，七里海古潟湖湿地内芦苇沼泽、盐地沼泽、草地及疏林灌木中的鸟类 Patrick 丰富度明显低于前三处场地；盐地沼泽和疏林灌木中的鸟类共位群丰富度低于前三处场地内相对应斑块内的该项丰富度（表 7-1）。影响 Patrick 丰富度指数的主要环境因子为植物香浓–威纳指数（SDI）、植物水平斑块丰富度（HP）及人类干扰程度（HD），需要重点从这三种影响因子着手提出修复策略；就鸟类共位群丰富度而言，七里海古潟湖湿地内盐地沼泽、疏林灌木内该项指数较低，其主要影响因子为面积（A）、指数的主要环境因子为植物香浓–威纳指数（SDI）、植物水平斑块丰富度（HP）及人类干扰程度（HD）。此外，生境类型为其中潜在的关键影响因素。

处湿地内各生境中的 Patrick 丰富度及共位群丰富度情况　　　表 7-1

		大黄堡湿地	北大港湿地自然保护区	官港森林公园	七里海古潟湖湿地
鸟类 Patrick 丰富度指数	芦苇沼泽	97	118	97	49
	盐地沼泽	93	92	72	40
	开阔水面	74	67	58	45
	草地	75	89	62	35
	疏林灌木	73	104	92	22
	果园	60	76	64	—
	农田	40	36	25	31
	建筑用地	10	12	6	5
鸟类共位群丰富度指数	芦苇沼泽	7	7	6	6
	盐地沼泽	7	7	6	5
	开阔水面	6	5	5	6
	草地	5	6	5	5
	疏林灌木	4	7	7	4
	果园	4	6	5	—
	农田	5	4	3	5
	建筑用地	1	1	1	2

1. 芦苇沼泽与盐地沼泽：图 7-1 所示为芦苇沼泽斑块与盐地沼泽斑块在七里海古潟湖湿地内的分布情况。这两类生境斑块在场地的核心区分布集中，且连续性较强，这

样的分布特点造成了斑块内与水系联系不紧密的缺陷。分析对两种鸟类丰富度分别造成影响的环境因子在这两类生境斑块中的取值,可以确定造成其丰富度较低的主要因素为植物香浓－威纳指数。斑块内植物香浓－威纳指数均低于其他场地内相对应的生境斑块(详见表5-3),说明植物的同质化较为严重,丰富度不高。因此对七里海古潟湖湿地内芦苇沼泽与盐地沼泽生境斑块的修复需主要从加强斑块与水系的联系及植物群落丰富度等方面入手。

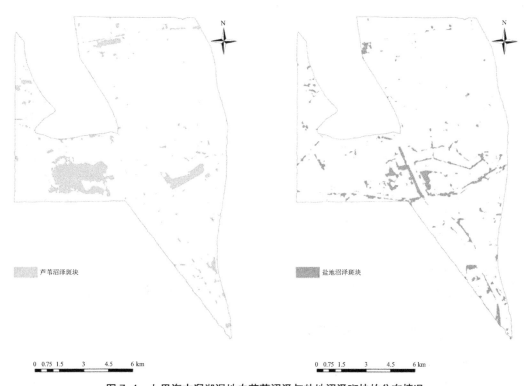

图7-1 七里海古潟湖湿地内芦苇沼泽与盐地沼泽斑块的分布情况

2. 草地与疏林灌木:图7-2所示为七里海古潟湖湿地内草地及疏林灌木生境斑块的分布情况。多数水鸟偏好近水的草地生境,然而在芦苇沼泽、盐地沼泽和开阔水面斑块附近的分布较少,在建筑用地附近分布较多,且草地斑块的破碎化程度较高。因此草地斑块对于水鸟来说,未能形成与其他相关斑块(如:芦苇沼泽、盐地沼泽和开阔水面斑块)之间有效的联系,且受到人类的干扰程度较大。分析该斑块的环境因子亦可以发现,其中的植物香浓－威纳指数和植物水平斑块丰富度均比其他三个场地内草地斑块响应的指数低,且人类干扰程度高。因此对于草地斑块的修复需要通过增加其在两种沼泽斑块及开阔水面斑块周围的分布,同时增加其中植物的丰富度入手;疏林灌木斑块的面积过小,且斑块分散,不利于形成多数林鸟所需的疏密有致的生境条件。同样分析该斑块的环境因子可知人为干扰为其主要影响因子。对于疏林灌木生境的修

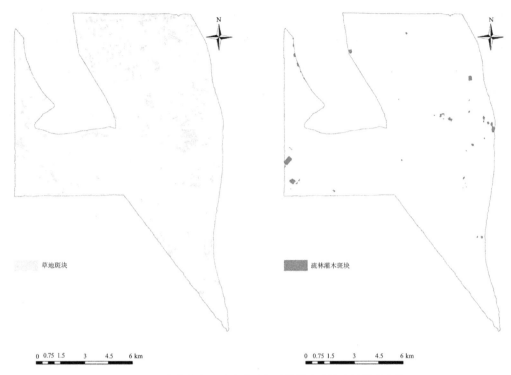

草地斑块　　　　　　　　　　　　　　疏林灌木斑块

0　0.75　1.5　　　3　　　4.5　　　6 km　　　　　　　0　0.75　1.5　　　3　　　4.5　　　6 km

图 7-2　七里海古潟湖湿地内草地与疏林灌木生境斑块的分布情况

复首先需要增加斑块面积，且使斑块之间需形成有效联系或形成生境通道网。同时需要形成林地在竖向上的乔灌草复层结构，在横向上疏林区包围密林区的结构。

7.1.2　鸟类生境的营造目标及方法

1. 营造目标

七里海古潟湖湿地鸟类生境的营造主要是以提高生境内部的生物多样性，改善生境质量为总体目标。在对其中鸟类栖息斑块类型、环境质量等进行分析后，确定现状问题，为更多鸟类提供适宜的小生境，同时尽可能多地考虑其他生物的生境条件，以完善食物链。

2. 营造方法

在对七里海古潟湖湿地进行修复及鸟类生境的营造时，首先需要通过前文中对于场地内每种斑块的环境因子与鸟类多样性的关系结果、每类生境斑块各环境因子的取值分析，得到验证场地中鸟类丰富度相对较低的生境类型，以及对该类生境产生最主要影响的环境因子。在提出修复与营造措施时，需要选择出目标物种，并对目标物种在斑块尺度下和小生境尺度下的栖息环境进行分析和总结，利用 GIS 软件选择出在七里海古潟湖湿地内目标水鸟的适宜生境分布图；在此基础上，提出斑块尺度下和小生境尺度下的具体修复措施。其中小生境尺度下，详细分析并归纳出了水鸟对每种小生境的选择，林鸟对每种植物种类的选择，使得植物群落的修复能够有理有据，同时真正起到吸引鸟类的作用。

7.2 目标物种的选择及其生境分析

7.2.1 目标物种的选择

本研究中使用了鸟类作为所有生物的指示物种，以鸟类的多样性来代表生境环境中整体的生物多样性。由于在实际规划设计中，无法做到为每一种鸟类营造其适宜的生境环境，因此需要以某种分类方式对所有鸟类进行类别划分，并综合考虑物种的生态价值及观赏价值等后，选取每一类中具有代表性的鸟类，营造其适宜的生境。在保护生物学中，对于目标物种的选择主要考虑的标准有：（1）旗舰种，即国际关注的特有濒危物种；（2）具有重要生态价值或经济价值，且受人类活动影响极大的物种，即珍稀物种；（3）国家相关文件或计划中规定的一级、二级野生保护动物；（4）关键物种和指示物种等。本研究中，以对鸟类共位群的划分为基础，结合鸟类的群落特点及生存、栖息和繁殖所需要的生境条件，对目标中的选择标准进行以下界定：

1. 共位群代表物种

根据共位群的分类，选择能够代表本共位群中大多数鸟类偏好的生存或繁殖生境的物种，以该鸟类所需的生境条件为具体的设计依据，在待修复的场地中选择具有实施条件的微环境进行改造和营建。在保护生物学中，此类物种亦被称为"伞护种"。

2. 稀有物种

根据文献及此次调研，可以发现原本出现或生活在修复场地中，但由于生境条件改变物种数量变少或不再生活于此的物种，如本研究中的四处湿地内出现数量逐年下降的大天鹅、灰鹤等鸟类。

3. 关键物种

此类物种主要是指在邻近的参考场地中出现，但却未在验证场地（或待修复场地）中出现的物种。这些物种的缺失能够表明验证场地内生境环境存在某些不适宜性，是对生境条件进行改造或修复的重要依据。

4. 旗舰物种

此类物种主要是指能够引起公众关注的物种，在规划设计中可选用颜色鲜艳、体态较大、鸣叫声音悦耳等，可承受一定程度的人类活动，如被近距离观察或隔一定距离观察的物种。此类物种可用于吸引游人注意，增加场地内的趣味性和可观赏性等。

综合以上条件选择出在七里海古潟湖湿地内可作为目标物种的种类，如表 7-2 所示，并根据水鸟、林鸟两大类对其进行了初步的分类。

七里海古潟湖湿地内目标物种　　　　　　　　表 7-2

编号	科属	目标种类	拉丁名	水鸟／林鸟分类	所属共位群类型
1	䴙䴘科	凤头䴙䴘	Podiceps cristatus	水鸟	潜水类
2	鸭科	普通秋沙鸭	Merges merganser	水鸟	
3	鹭科	大白鹭	Egret alba	水鸟	涉水捕食类
4		苍鹭	Area cinerea	水鸟	
5	鸻科	铁嘴沙鸻	Charadrius leschenaultii	水鸟	探查类
6	鹬科	矶鹬	Actitis hypoleucos	水鸟	
7	鸭科	灰雁	Anser anser	水鸟	水面捕食类
8		白眉鸭	Anas querquedula	水鸟	
9		大天鹅	Cygnus cygnus	水鸟	
10	鹤科	灰鹤	Grus grus	水鸟	
11	反嘴鹬科	黑翅长脚鹬	Himantopus himantopus	水鸟	地面收集类
12	雀科	苇鹀	Emberiza pallasi	水鸟	
13	秧鸡科	黑水鸡	Gallinula chloropus	水鸟	
14	鹡鸰科	水鹨	Anthus spinoletta	水鸟	
15	鹰科	黑鸢	Milvus migrans	林鸟	猛扑类
16		雀鹰	Accipiter nisus	林鸟	
17		普通鵟	Buteo buteo	林鸟	
18	莺科	东方大苇莺	Acrocephalus orientalis	林鸟	芦苇及灌丛捕食类
19	啄木鸟科	大斑啄木鸟	Dendrocopos major	水鸟	开凿类
20	莺科	黄眉柳莺	Phylloscopus inornatus	林鸟	树间捕食类
21	燕科	金腰燕	Cecropis daurica	林鸟	飞掠水面类
22		白尾海雕	Haliaeetus albicilla	林鸟	
23	鹟科	黑喉石即鸟	Saxicola torquata	林鸟	直降捕食类

7.2.2　目标物种偏好生境分析

　　根据对以上目标物种偏好生境的文献查阅及相关调查记录，可以得到每种鸟类最适宜的生境条件。同时根据前文中对鸟类三级生境的划分，将其生境条件进行整合和对应，最终每种目标物种的觅食及繁殖所需的生境条件、留鸟及候鸟的营巢条件如表 7-3 所示。

七里海古潟湖湿地内目标物种三级生境及食物资源　　　　　　表 7-3

共位群	目标种类	偏好的三级生境	觅食及繁殖生境描述	主要食物资源	居留型	留鸟及候鸟的营巢生境
潜水类	凤头䴙䴘	开阔水面＋浅水区域＋芦苇沼泽＋盐地沼泽	主要在开阔水面中捕食，在浅水区域营巢，尤其偏好有挺水植物生长或有浅水草丛的近水岸环境。其中挺水植物覆盖率小于30%的浅水区域活动，且水文涨幅波动在 10～30cm 为宜[165]	以鱼类为主	M	

续表

共位群	目标种类	偏好的三级生境	觅食及繁殖生境描述	主要食物资源	居留型	留鸟及候鸟的营巢生境
潜水类	普通秋沙鸭	开阔水面＋软驳岸＋野生型杂草地	主要在浅水区域觅食，且水域中植被覆盖率为50%～75%为宜[166]	以小鱼为主，也捕食软体动物、甲壳类等无脊椎动物，少量食用植物	M	
涉水捕食类	大白鹭	浅水沼泽＋芦苇沼泽＋盐地沼泽	在湿地浅水区域觅食，挺水植物、沉水植物的覆盖率达到40%～60%，植物高度达4m时的环境最适宜；筑巢环境与水体的距离小于250m，且对人类打扰极其敏感，干扰距离为60～150m[167]	以直翅目、鞘翅目、双翅目昆虫、甲壳类、软体动物、水生昆虫以及小鱼、蛙、蝌蚪和蜥蜴等动物性食物为食	S	常在槐树、槭树、柳树等较成熟的树枝上营巢
	苍鹭	芦苇沼泽＋盐地沼泽＋浅水区域＋混交多层林地／混交疏林灌木	在浅水区域或水域附近的陆地环境中觅食，或在芦苇沼泽丛中活动，且通常是小群体集中活动、营巢[168]。繁殖所需的最小连续沼泽斑块面积不小于5hm²	主要以小型鱼类、泥鳅、虾、喇蛄、蜻蜓幼虫、蜥蜴、蛙和昆虫等水生动物为主食，偶尔捕食野兔、黄鼠狼等小型哺乳类动物	S	芦苇沼泽为其最佳营巢斑块
探查类	铁嘴沙鸻	盐地沼泽＋滩涂湿地＋软驳岸＋疏林＋灌丛	喜好湿地环境，常在滩涂、水田、沼泽区域中活动，可耐盐碱环境。营巢地点通常选择在离水源较近的低洼地或沙石地上[169]	主要以软体动物、虾、昆虫及其他水生动物为主，有时也食杂草	M	
	矶鹬	浅水区域＋芦苇沼泽＋滩涂湿地＋软驳岸	常在浅水区域觅食，或在水边草地上活动。偏好的营巢区域为沙滩、水边草丛中或滩涂湿地，与水的距离不大于40m[170]	主要以蛾类、甲虫类等昆虫为食，也捕食无脊椎动物和鱼类、蝌蚪等	M	
水面捕食类	灰雁	浅水区域＋芦苇沼泽＋盐地沼泽＋滩涂湿地	常在有挺水植物覆盖的水域岸边、浅水区域觅食，或者离水域不远的草地等处觅食。偏好的水域为清澈度较高且植被覆盖度也较高的浅水区域或沼泽泥滩地，不喜欢农田、灌丛或深水区[171]	主要以水生或陆生植物的叶、根、茎等为食，有时也吃虾、昆虫等	M	
	白眉鸭	浅水区域＋开阔水面＋芦苇沼泽＋盐地沼泽＋混交矮灌丛	常见于沿海潟湖，在水草隐蔽处觅食，通常水生植物的郁闭度达40%～70%。白天亦在开阔水面中活动或在水草丛中休息。营巢的最佳环境为离水域100m以内的厚密高草丛，需要掩蔽条件较好的环境[172]	主要以水生植物的根、茎、叶等为食，也食用农田中的谷物，春秋季节捕食软体动物、甲壳类或昆虫等	M	
	大天鹅	开阔水面＋浅水区域＋芦苇沼泽	喜好栖息于开阔水面或水生植物繁茂的浅水区，且为淡水水域中。适宜的营巢地点为水中鸟岛、水塘岸边干燥地上或浅水区中有芦苇分布的区域[173]	以水生植物的根、茎、叶、种子为食，也吃少量动物，如软体动物、水生昆虫。以水栖昆虫、贝类、鱼类、蛙、蚯蚓、软体动物、苜蓿、谷粒和杂草等为食。尤其喜欢水菊、莎草类植物	M	

共位群	目标种类	偏好的三级生境	觅食及繁殖生境描述	主要食物资源	居留型	留鸟及候鸟的营巢生境
水面捕食类	灰鹤	浅水区域 + 芦苇沼泽 + 盐地沼泽 + 滩涂湿地 + 无水型农田	喜好生物量较大的生境,如农田、浅水草丛中,或沼泽地带。营巢地点通常选择在沼泽草地中的干燥地面上[174]	主要以植物茎、叶等为食,也食用草籽、谷粒、玉米等,有时也捕食鱼类、昆虫、蛙类、软体动物类等	M	
地面收集类	苇鹀	芦苇沼泽 + 混交疏林 + 混交密林灌木 + 野生型杂草地	尤其喜好沿水岸种植的柳树丛中或芦苇沼泽丛中,秋季也在密集灌木丛中或稀疏小树上活动、觅食	主要食用芦苇种子、杂草种子等,有时也食用谷物或昆虫等	W	常选择沼泽地中的草丛或灌丛中营巢[175],且选择较为隐蔽的地点
	黑水鸡	浅水区域 + 芦苇沼泽 + 混交多层林地	常在水生植物叶、茎上寻找昆虫或捕食落入水中的昆虫,常在浅水区觅食	主要食用蚊子、甲虫、小螺蛳及植物的茎、叶等,喜欢水中的浮萍、水藻及狗尾草、马唐、芦苇等,有时也食用小鱼、蛙、蝗虫等	S	在浅水区的挺水植物丛中,水边草丛内或种植有乔灌木的鸟岛中营巢
	水鹨	开阔水面 + 软驳岸 + 有水型农田 + 混交林 + 混交疏林灌木	常见于流动水域周围,也在水边草丛中或稻田等湿润的环境中觅食	主要以昆虫为主,也食用蜘蛛、蜗牛等小型无脊椎动物,偶尔食用谷粒、杂草种子等	W	营巢地点通常选择在900～1300m的高山草原中,或混交林内,及疏林灌木中
猛扑类	黑鸢	野生型杂草型 + 有水型/无水型农田	较喜欢栖息于开阔平原、草地和荒原中,也在农田、湖泊等区域的上空盘旋。由于此类鸟在研究区域中属迁徙鸟,因此仅在此处觅食,并不会营巢	主要以小鸟、鼠类、野兔、蛙、蜥蜴、昆虫等为食,也会攻击家禽,食腐尸	S/M	常在成熟大树上营巢,距地面高度为10m以上
	雀鹰	混交多层林地 + 有水型/无水型农田 + 建筑屋顶	偏好针叶林和阔叶林分布的混交林,且要远离人类干扰为宜。在研究区域中主要是觅食活动,并无繁殖活动。通常在农田、高层建筑物屋顶等处可见	主要以鼠类为主,也捕食鸟类和昆虫	M	
	普通鵟	有水型/无水型农田 + 混交乔木林 + 混交多层林地	常在开阔平原、农田、林缘草地等区域上空盘旋。在针叶林中的树冠或主干分权处营巢,但研究区域内仅为其提供食物资源,非繁殖场所	主要以鼠类为主,也捕食蛙、野兔、蛇、蜥蜴、小鸟、大型昆虫等,有时也攻击家禽,如鸡、鸭等	M	
芦苇及灌丛捕食类	东方大苇莺	芦苇沼泽 + 浅水区域 + 密集灌丛	落叶灌木覆盖率达到60%～80%为宜,且灌木高度宜大于2m	主要以昆虫、蚂蚁、水生昆虫为食,也食用蜘蛛、蜗牛等无脊椎动物,偶尔食用水生植物种子等	S/M	偏好长势良好的芦苇生境,所选择的芦苇植株高度常在3m以上。且需靠近明水面的距离小于112m

续表

共位群	目标种类	偏好的三级生境	觅食及繁殖生境描述	主要食物资源	居留型	留鸟及候鸟的营巢生境
开凿类	大斑啄木鸟	混交密林灌木＋落叶疏林＋落叶乔木林	偏好在 5m 以上的乔木树冠上活动，且需要树冠郁闭度达到 30% 左右；在 5m 以下的小乔木或灌木中活动时，树冠郁闭度需达到 50%，且栖息环境中有坚果类树种或速生树种出现为宜，如研究区域中常见的毛白杨、刺槐等树种	主要以甲虫、小蠹虫、蝗虫、吉丁虫、天牛幼虫等各种昆虫、昆虫幼虫为食，也吃蜗牛、蜘蛛等其他小型无脊椎动物，偶尔食用松子、草籽等	R	偏好在植被密度在 9～9.6 左右，郁闭度在 90%～95%，且距公路大于 100m 的林地中筑巢
树间捕食类	黄眉柳莺	常绿乔木林＋常绿灌丛＋常绿多层林地	典型的乔木树冠鸟类，即基本在乔木的上层活动，几乎不见其在植被中层以下活动，且较喜欢针叶乔木，偏好常绿林地	主要以昆虫为主，有时也食用杂草种子及植物种子等	M	
飞掠水面类	金腰燕	开阔水面＋野生型杂草＋人工型杂草＋建筑屋顶	常在空中飞行觅食，也从水面飞掠而过，也可在草地上方约 0.5～2m 的上空飞行觅食	以昆虫为主	S	常在建筑屋檐上筑巢，并可能在湿地沼泽或泥潭地等处衔泥
	白尾海雕	开阔水面＋芦苇沼泽＋盐地沼泽＋混交林地	常在河口或沼泽区域及水中岛屿附近活动、觅食，尤其喜欢高大成熟树木或水域边的森林区域	主要以鱼类为主，也捕食鸟类、野兔等哺乳类动物	M	
直降捕食类	黑喉石即鸟	混交灌丛＋野生型杂草丛＋混交疏林＋农田	通常在灌木丛或农田中觅食、休憩，也常在草丛或灌丛中休憩，有时在枝梢或电线上活动。偏好在石缝、土洞或树洞及灌丛隐蔽区内筑巢	主要以昆虫为主，如蝗虫、蚱蜢、甲虫、金龟子、蝶类、蚂蚁等昆虫及昆虫的幼虫，也食用蚯蚓、蜘蛛等无脊椎动物，少量食用植物果实、种子等	M	

根据表 7-3 中每类目标物种对于小生境的选择，其中可在水生环境中活动的鸟类及其在七里海古潟湖湿地内的分布情况如附录 2.2 所示。由于场地内树林灌木斑块面积过小，因此对于林鸟可选择的生境分布情况主要考虑其觅食所需的生境。

7.3　斑块尺度下生境的修复与营造

通过前文的分析可知七里海古潟湖湿地内鸟类可选择的栖息环境类型较少，且芦苇沼泽斑块分布集中，不利于丰富生态位的形成。根据现状条件，可通过增加湿地内斑块类别来提高生境的丰富度。

斑块类型是湿地生态系统中鸟类对生境选择的基本标准，如出现在 3 处参考场地内果园中的鸟类共 22 种，但其中 7 种鸟类并未出现在验证场地中。尽管七里海古潟湖湿地足以具备作为多数鸟类生境的条件，但由于缺乏"果园"这一生境类型，使其鸟类多样性有所减弱。

调查得到的所有类型的鸟类大体可分为近水鸟类及林鸟。近水鸟类中如鸭科、鹭科中的部分物种选择在开阔水面活动，在水生植物覆盖的水面或近水的驳岸等处营巢；鹬科选择在浅水区域或浅滩环境中觅食。林鸟中如雀科中的有些鸟类在临水的林地中上层活动；莺科可在芦苇丛中或灌木林中觅食；鹰科主要选择成熟林区觅食，或在开阔水面上空盘旋等。在四处湿地生态系统内，近水的斑块类型仅为芦苇沼泽、盐地沼泽、开阔水面三类，陆地斑块类型为草地、树林灌木、耕地、果园及建设用地四类，显然现状栖息环境无法满足近水鸟类对栖息空间丰富且精巧的需求，单一且稀疏的林地灌木条件亦无法为多数林鸟提供隐蔽的栖息条件。

根据鸟类生境的二级划分，其中水面、沼泽、水中岛屿、驳岸等可为近水鸟类提供栖息环境；乔木林、灌丛、草地、耕地、果园、人工用地、裸地及高空环境等类型的栖息环境可吸引林鸟。不同的栖息环境显然对不同的鸟类产生的吸引能力不同，且鸟类的觅食、繁衍、飞动、休憩等行为的发生也可能在不同类型的斑块中进行，可见丰富的生境斑块是影响鸟类丰富度的首要因素。

因此，在斑块尺度下，需要根据场地原有的环境特点和自然资源状况，营造出尽量丰富的栖息环境。在天津滨海湿地生态系统中需营造的鸟类栖息环境斑块，可以鸟类生境第二级划分中的类型为基准，但不仅限于这 12 种类型。

7.3.1 芦苇沼泽与盐地沼泽斑块的修复与营造

通过调研发现，七里海古潟湖湿地中芦苇沼泽斑块与盐地沼泽斑块尽管面积较大，但斑块之间连通性过强，边缘效应极弱。且与周围水系沟通不足，容易造成植物缺水现象，从而影响了动植物的生长。

针对芦苇沼泽斑块连续性过强，使得沼泽环境与水系联系较少，影响了芦苇等水生植物的生长等现状缺陷，需要打破原有成片的状态，适当开挖深浅不一的水渠，将水资源引入其中，通过水分涵养促进植物的生长；其次，芦苇沼泽斑块的边缘过于规整，无法形成鱼虾等水中生物的洄游小环境，从而影响了此类生物的生存，对鸟类而言其食物资源亦有限。因此需要将原有的斑块边缘进行工程改造，尽量模仿自然水流冲击中形成的斑块，以核心区为例，芦苇沼泽斑块改造前后对比如图 7-3 所示。

对于盐地沼泽斑块的修复首先需要增加面积，且对于斑块的修复和改造与芦苇沼泽斑块类似，即需要从斑块与水系的连通性和斑块自身的形状入手进行工程改造。

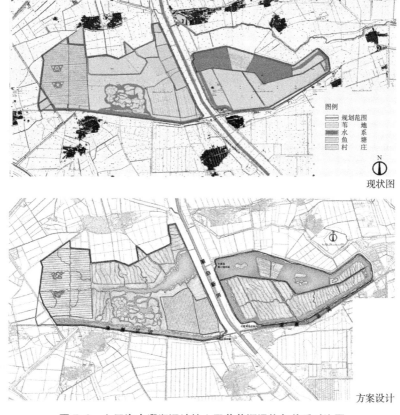

图 7-3　七里海古潟湖湿地核心区芦苇沼泽修复前后对比图

7.3.2　浅滩斑块的修复与营造

　　由于七里海古潟湖湿地内现状淤泥较多，水系流通较困难，为了增加斑块生境的类型，还可在核心区内的中央大水面边缘构造小面积浅滩斑块（图 7-4）。现状条件下

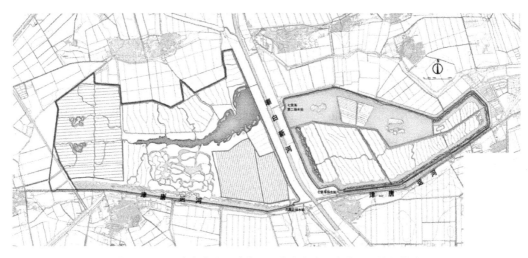

图 7-4　七里海古潟湖湿地核心区中央大水面内浅滩斑块的营造

核心区域内高程分布极不明显，通过水域面积内淤泥的清理及浅滩的构造，可适当构建出深浅不一的高程环境，其中中央大水面区域的高程变化相对较大，浅滩的深浅可根据所处位置原始水位深度确定，中央水面部分剖面图如图 7-5 所示，整体剖面图如图 7-6 所示。这一部分的浅滩可减少植物的覆盖率，为鹬类提供觅食所偏好的生境。

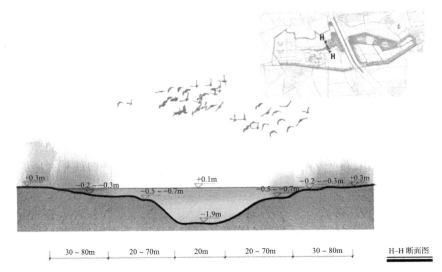

图 7-5　七里海古潟湖湿地核心区南北向剖面图

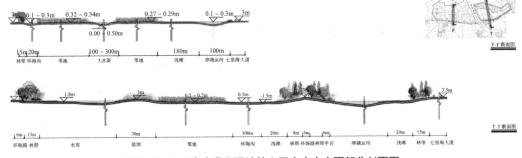

图 7-6　七里海古潟湖湿地核心区中央大水面部分剖面图

此外，还可在核心区南部区域，临近津唐运河的位置营造浅滩斑块，这一区域的斑块内可适当增加水生植物覆盖率，但植株应选择不太高的类型，形成河流斑块与内部芦苇沼泽斑块相异的生境类型，具体营造后的平面效果如图 7-7 所示，高程变化如图 7-8 所示。

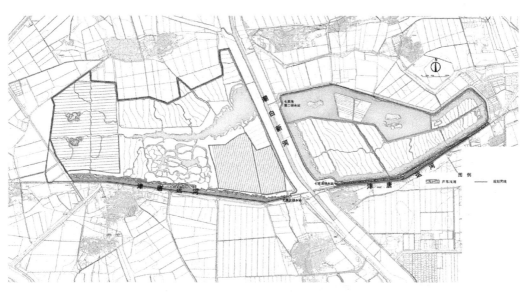

图 7-7 七里海古潟湖湿地核心区边缘浅滩斑块营造

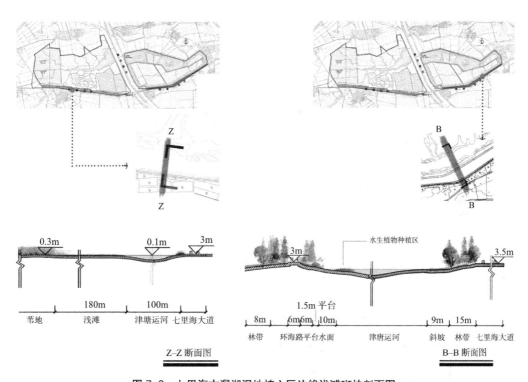

图 7-8 七里海古潟湖湿地核心区边缘浅滩斑块剖面图

7.3.3 开阔水面斑块的修复与营造

本研究中的开阔水面栖息环境中不仅包括面积较大的水面环境，还包括池塘、穿行而过的河流、沟渠等水环境。池塘多为人工构建，其中的鱼、虾、螃蟹等亦多为人工养殖，具有经济效益。每年进行池塘池底清理时，要注意化学药品等造成的污染，以防止鸟类中毒。

在这一栖息环境中更重要的是需要加强整个范围内水系的贯通。由于在湿地调研时发现，场地内由于常年淤泥堆积，河床逐步提高，且近年来水量不足，不仅使得开阔水面斑块面积连年缩小，且造成了水系流通受到阻碍，因此首先需要工程清淤，进而从三方面入手，构造出三个等级的开阔水面斑块，即：①位于芦苇沼泽、盐地沼泽内部的浅输水渠需要贯通，整体分布如鱼骨状，以保障输水的均匀性和秩序性，从而真正起到涵养芦苇等水生植物生长的重要通道；②在核心区边缘，构建一条贯通的环海沟，使其对内与浅输水渠相连，对外与穿越而过的潮白新河相通，形成水系的流动性；③由于核心区内现状存在水库，可利用这一现状，挖掘塑造出集中的蓄水水面，一方面起到均衡湿地内水量的作用，另一方面为鸟类提供开阔的游水环境（图7-9）。

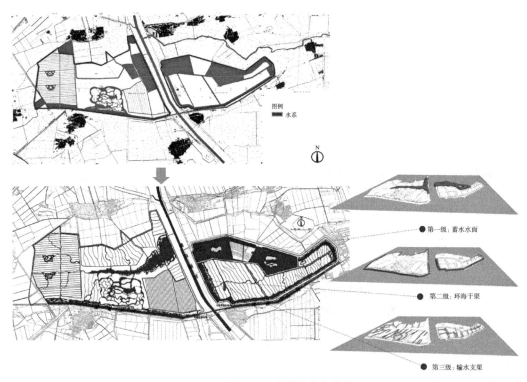

图7-9 开阔水面斑块的修复与营造

7.3.4　水中鸟岛斑块的修复与营造

　　水中鸟岛斑块的构建主要是为了形成隔绝人为干扰且植物物种和群落结构较为丰富的环境，以吸引不同生态位中对人为干扰较为敏感的鸟类。七里海古潟湖湿地核心区为完全禁止人类活动的区域，受到人为干扰的程度较小，且经过修复后可存在较为开阔的水面，同时开阔水面清淤工程中挖出的土方可直接被利用，因此核心区具有营造鸟岛的先决条件。根据对场地内开阔水面斑块的分布及人为干扰程度较低两种环境因素的叠加，得到最适宜营造水中鸟岛的环境，如图 7-10 所示。

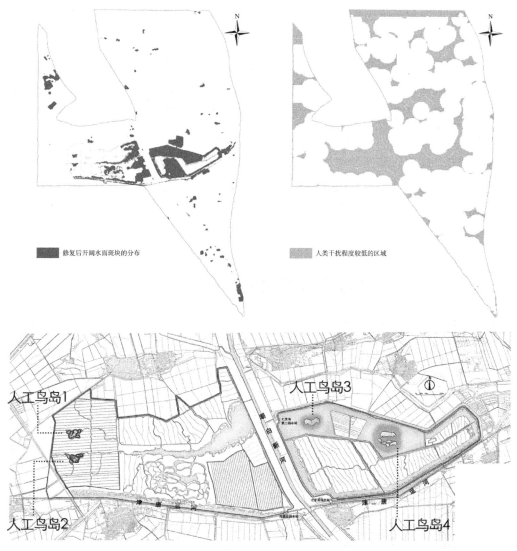

图 7-10　水中鸟岛营建位置的选择

7.3.5 林地斑块的修复与营造

林地斑块能够为鸟类提供丰富的食物资源、栖息停留场所、筑巢环境，且由于林地中树木种类的不同，高低、疏密的分布，能够形成丰富的生态位，林地生境包括了乔木、乔灌木及林下草地等多种生境斑块类型，且需要形成乔灌木密林区、疏林区、林下草地的梯度（具体营造需求见 7.4.7 相关内容）。因此，林地斑块是湿地生态系统中重要的生境类型。果园可看作是林地生境的一种形式，果园内能够为鸟类提供丰富的食物资源，前文中已经分析证明了三处参考场地中的果园斑块吸引了大量的鸟类。

七里海古潟湖湿地内现状的林地生境面积过小，且分布分散，对于林地斑块的修复与营造首先需要通过增加其面积来实现。在核心区范围内，东、南、西三面均有高速公路或省级道路穿行，需要在道路与湿地中间构建一定宽度的林带，形成绿色屏障，起到降低汽车等造成的空气污染和噪声污染等作用。且林木的种植应该避开湿地核心区及低洼有水的区域，以避免造成湿地生态系统快速向陆地生态系统演替。因此可选择缓冲区或实验区域地势较高、土壤层较厚的位置进行林地斑块的营建。现状用地中，缓冲区和实验区大多为农田用地和建筑用地，并无空闲裸地，因此需要在选择合适的位置后，通过当地政府与村民协商，尤其在缓冲区逐渐撤离部分住宅或农田，进行"退耕还林"的工作。为了解决这一矛盾，可鼓励周围村民进行经济林的种植。

7.4 小生境尺度下鸟类栖息环境的营造

7.4.1 浅水小生境的营造

1. 具体营造措施

不同鸟类对于觅食场地、营巢场地及繁殖场地有不同的需求，由对共位群代表物种的分析可发现，归类于潜水类、涉水捕食类、探查类、水面捕食类等为代表的鸟类多属于涉禽、游禽类，这些鸟类多选择浅水区域及芦苇沼泽、盐地沼泽斑块等生境类型。目标物种中主要有凤头䴙䴘、灰雁、灰鹤、苇鸦、黑水鸡等在该区域觅食及营巢。对于其中以觅食为主，但不需要在开阔水面或较深水域中活动的鸟类来说，水深 0.1 ~ 0.3m 即可，且水中需要有芦苇等较高大的挺水植物分布，水生植物的覆盖率需疏密有致。挺水植物与沉水植物的覆盖率为 30% ~ 70% 范围内，以满足不同鸟类对植物郁闭度的要求，剖面图如图 7-11 所示。

2. 植物群落营造

对于该生境的修复，首先可在近水岸的浅水区适量增加水生植物，包括挺水植物及浮水植物。其中挺水植物类型可保留原有的芦苇，同时增加荆三棱、狭叶香蒲、水葱等耐盐碱的植物；浮水植物类型如莕菜、浮萍等。植物群落与对应的鸟类生境选择如图 7-11 中所示。

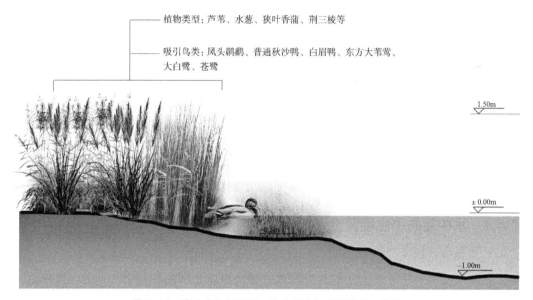

植物类型：芦苇、水葱、狭叶香蒲、荆三棱等

吸引鸟类：凤头䴙䴘、普通秋沙鸭、白眉鸭、东方大苇莺、大白鹭、苍鹭

图 7-11　浅水小生境剖面、植物群落及吸引的目标物种

此外，更需要注意的是其中水质的监测，既要防止水质富营养化的发生，更要杜绝金属元素或其他污染物造成的水质污染，这一步骤的完成需要后期定期的监测以及相关部门的配合。

7.4.2　深水小生境营造

该区域与浅水区相邻，植物种类极少。对于在水中觅食且在深水区域活动的鸟类来说，水深需达到 0.3 ～ 2m，且要求有一定面积的开阔水面，以便于鸟类在水中起飞，同时有些鸟类对水质有一定的要求，如需水质清澈。需要注意的是对于水流波动的缓急，鸟类中同时出现了需要静水水域和流水水域的鸟类，这就需要在规划设计时通过调整地形及斑块边缘线，从而形成宽窄不一的水流通道，或放入水中置石等营造出水流湍急或平缓的不同流动状态，并可在水域中投放鱼、虾、软体类动物等。如鸭科类偏好水深较深且有挺水植物分布的环境，它们常在挺水植物丛中隐藏或营巢，在具有一定面积且连续的开阔水面中进行浮游活动（图 7-12）。

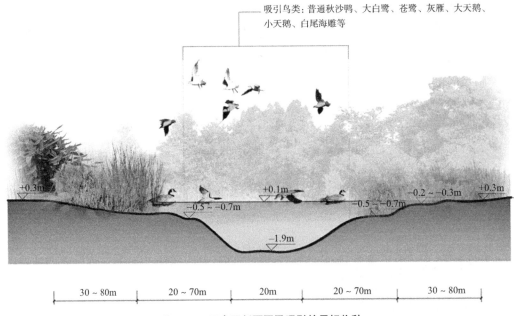

吸引鸟类：普通秋沙鸭、大白鹭、苍鹭、灰雁、大天鹅、小天鹅、白尾海雕等

图 7-12　深水区剖面图及吸引的目标物种

7.4.3　水中岛屿小生境营造

1. 具体营造措施

根据前文中对于水中人工鸟岛的位置选择确定后，利用开挖出的土方，营建出四处鸟岛，如图 7-13 所示。

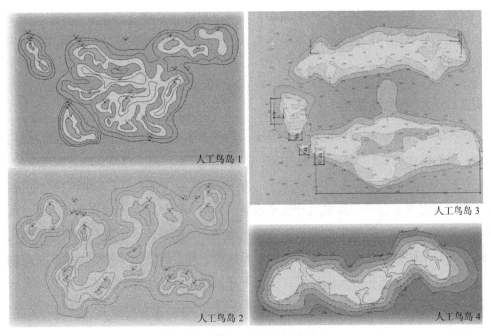

图 7-13　四处人工水中鸟岛的营建

根据研究，鸟岛面积在 5000m² 以内为宜，面积过大可能会吸引肉食动物，造成水鸟等小型鸟类被捕食[176]。水中鸟岛上需布置能够吸引鸟类的蜜源植物、引鸟植物等，且应以乡土植物为主，以防止外来物种的入侵或不适应环境等问题。且需种植乔灌木、地被植物、挺水植物等复层植物群落，此类生境能够为鸟类提供适宜的环境，同时阻隔人类干扰，形成鸟类生存、繁殖等较为安静的空间。同时，在工程完成后的一段时间内须在鸟岛内人工投放食物。

2. 植物群落营造

在完全禁止人类活动的核心区域，可在离人类活动较远的开阔水面中，利用挖出的淤泥土方等构建鸟岛。鸟岛上的植物形成陆生与水生植物梯度，但是由于鸟岛上土层较薄，无法形成紫穗槐、柽柳等乔灌木良好的生长环境，因此陆生草本植物主要是以牵牛类、地锦等植物种类为主；沼泽植被类型主要包括芦苇、狭叶香蒲、碱菀、稗等；盐生草甸植被主要有蒲公英、车前草、西伯利亚蓼等；杂草草甸植被包括白茅、狗尾草群落等；挺水植物主要有芦苇、香蒲、狭叶香蒲、水葱等；盐地碱蓬群落是以盐地碱蓬为优势种，伴生有獐毛、刺儿菜、砂引草、益母草、碱蓬、红蓼等草本植物；水生植物种类有莲、金鱼藻、苴草、水鳖等，如图 7-14 所示，剖面图及可能吸引的鸟类如图 7-15 所示。在工程完成后的一段时间内须在人工岛屿内投放食物。

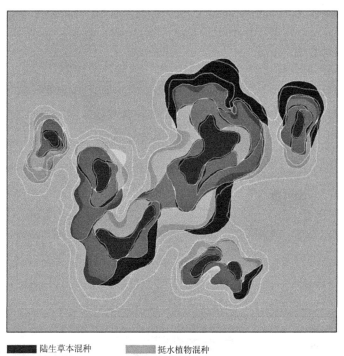

■ 陆生草本混种		■ 挺水植物混种
■ 沼泽植被		■ 盐地碱蓬群落
■ 盐生草甸植被混种		■ 水生植物混种
■ 杂草草甸植被混种		

图 7-14　水中岛屿生境营造后种植设计

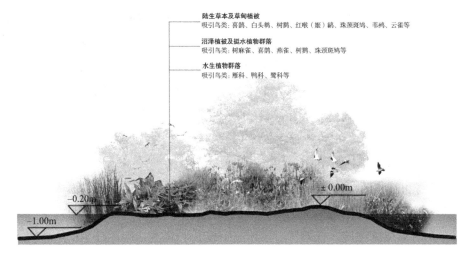

陆生草本及草甸植被
吸引鸟类：喜鹊、白头鹎、树鹨、红喉（姬）鹟、珠颈斑鸠、苇鹀、云雀等

沼泽植被及挺水植物群落
吸引鸟类：树麻雀、喜鹊、燕雀、树鹨、珠颈斑鸠等

水生植物群落
吸引鸟类：雁科、鸭科、鹭科等

−0.20m

± 0.00m

−1.00m

图 7-15　水中岛屿小生境剖面及植物群落所吸引的鸟类

7.4.4　近水驳岸小生境的营造

1. 具体营造措施

水域边缘或鸟岛等的驳岸设计应以软质驳岸为主，材料可选择天然石材、木材、植物等构造，且应该形成蜿蜒曲折的形式，局部营造鸟类可隐蔽的浅水湾，不仅能够为鸟类提供安全的生境，同时还可增加景观的多样性与趣味性，如图 7-16 所示。

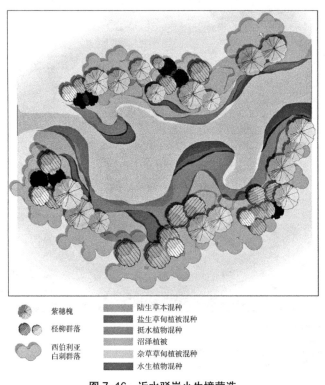

紫穗槐　　　　　陆生草本混种

柽柳群落　　　　盐生草甸植被混种

西伯利亚　　　　挺水植物混种
白刺群落　　　　沼泽植被

　　　　　　　　杂草草甸植被混种

　　　　　　　　水生植物混种

图 7-16　近水驳岸小生境营造

2. 植物群落营造

近水驳岸中小生境中可选择栽植紫穗槐及柽柳群落、西伯利亚白刺群落等。陆生草本混种的区域主要为西伯利亚白刺群落的伴生种,包括獐毛、芦苇、碱蓬等。盐生草甸植被混种主要为柽柳群落下层的草本植物,包括盐地碱蓬、碱蓬、罗布麻、白茅、藜、东亚市藜等;挺水植物混种的区域主要种植有芦苇、狭叶香蒲、水葱等;沼泽植被是以芦苇、香蒲、扁秆藨草等为优势种,伴生种为长芒稗、荻、碱菀、鹅绒藤等;杂草草甸植被混种区域主要包括白茅、狗尾草群落及牛鞭草群落等;水生植物主要包括莲、水鳖、浮萍、金鱼藻等。这些植物与驳岸石材相结合,形成软质驳岸,剖面图及可能吸引的鸟类如图 7-17 所示。

图 7-17　软质驳岸剖面图、植物群落类型及吸引的目标物种

7.4.5　浅滩小生境的营造

1. 具体营造措施

以鹬科为代表的鸟类常选择浅滩环境进行觅食或飞行活动,浅滩斑块内的植物类型应多以高度为 30 ~ 50cm 的较为矮小的植物类型为主,如盐地碱蓬。植被覆盖率小于 75%,浅滩斑块与水面的距离不可超过 40m。需要注意的是在浅滩斑块内应保留一定面积的泥炭地,且需保证泥炭内具有较为丰富的动物资源,如蟹、虾、甲壳类等生物类型。

2. 植物群落营造

浅滩小生境中的植物可在斑块边缘营造,植物种类保留原有盐地碱蓬、互花米草、红蓼、碱菀等,其中盐地碱蓬的伴生物种主要有獐毛、碱地肤、猪毛菜、莳萝蒿等。斑块中间或与水面相接部分可留出泥炭裸地,以吸引探查类物种,剖面图及可能吸引的鸟类如图 7-18 所示,种植设计如图 7-19 所示。

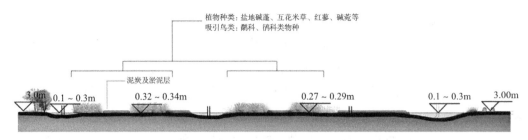

图 7-18　浅滩剖面图、植物群落类型及吸引的目标物种

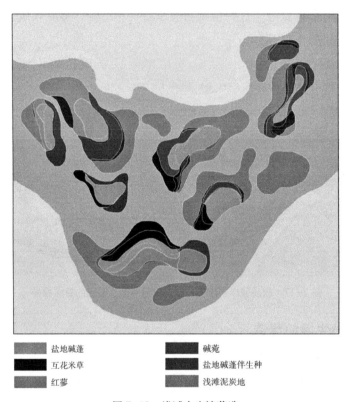

图 7-19　浅滩小生境营造

7.4.6　芦苇沼泽与盐地沼泽小生境的营造

1. 具体营造措施

芦苇沼泽及盐地沼泽是在研究的四处生态系统内已经存在的斑块类型，分布面积较广且集中。由于其本身存在于水生生境和陆生生境的交界地带，能够为多数鸟类提供觅食环境、繁衍环境、营巢环境、嬉戏环境。但根据分析可知，研究场地中的芦苇沼泽及盐地沼泽仍然存在植被丰富度较低的问题，因此需要对原本连片且植物物种单一的状态进行调整。

2. 植物群落营造

芦苇沼泽小生境中是以芦苇为绝对优势物种，且面积范围较大。可适当增加芦苇群落中的伴生种，如水葱、香蒲及以野生莲、金鱼藻等漂浮植物为主的水生植物等，从而增加该生境内植物的丰富度（图 7-20）。盐地沼泽中以盐地碱蓬、碱蓬、碱菀为优势物种，同时伴生有芦苇、獐毛等。修复后主要营造 5 类盐生植物群落，包括盐地碱蓬 – 獐毛群落、盐地碱蓬 – 碱蓬群落、盐地碱蓬 – 芦苇群落、碱菀 – 芦苇群落及碱菀 – 盐地碱蓬群落，伴生种有扁秆藨草、中亚滨藜、蒿、碱地肤、猪毛菜等，图 7-21 所示。

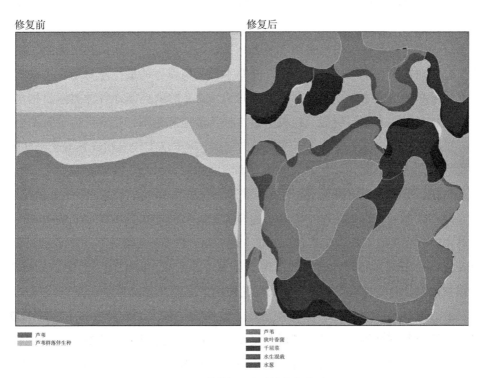

图 7-20　芦苇沼泽小生境修复前后

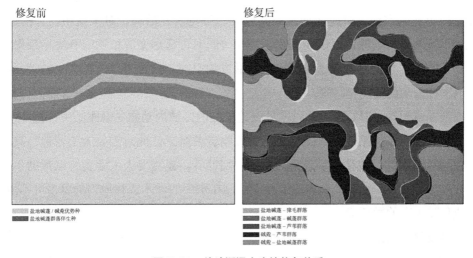

图 7-21　盐地沼泽小生境修复前后

7.4.7 林地生境的营造

1. 具体营造措施

归类为树间捕食类、芦苇及灌丛捕食类、直降捕食类等共位群的鸟多为林鸟，影响其觅食、营巢的主要环境因子为乔灌木等的物种多样性。通常情况下，植被群落的组成结构越复杂鸟类的多样性越高，尤其竖向结构的复杂性能够为鸟类提供多样的生态位。

调查中树麻雀及喜鹊的出现频率及个体数量均达到最高，这两种鸟类出现在了湿地内所有的斑块类型中。尽管如此，针叶乔木林为树麻雀的最佳隐身场所，繁殖季节时多在林下草地或灌木丛中捕获昆虫，获取食物；喜鹊则更偏好各种类型的林地，其活动范围包括了乔木顶层树冠、树枝、灌木丛及草地等范围，觅食行为主要发生在草地上，说明喜鹊的生存需要较为丰富的竖向层次；啄木鸟类较喜欢成熟混交密林区域，且根据乔木高度的不同，对其形成的树冠郁闭度亦有所区分。在调查中发现啄木鸟出现在毛白杨、刺槐等植物树干上；苇鹀类常选择密集灌木丛或稀疏的小乔木林等活动，亦会出现在草丛或在低矮灌丛中营巢；黄眉柳莺等物种常在乔木树冠上活动，很少见其在林木的中层及以下环境中出现；红喉（姬）鹟为典型的在灌木丛中活动的鸟类；树鹨则在迁徙季节常在阔叶林边缘的草地上觅食，并隐藏在乔木树干的中层分枝部位。其余以物种划分的鸟类对于三级生境类型的使用情况及补充说明详见表 7-3。

四处研究场地中现状乔木多为经济林，植株间距较大，未形成林木成片的效果，更缺乏乔灌草复层结构。在对其进行修复改造或重新营造时需从植物群落整体布局出发，形成乔灌木复层结构群落，且形成小乔木、灌木包围高树冠的组织结构。其中内部的乔木树冠所形成的郁闭度不宜高于30%，周围的乔灌木树冠形成的郁闭度宜为50%~80%，且应疏密有致，整体乔灌木林地应该营造出群落层次丰富的结构。此外，还需营造出林间空地，供地面捕食类共位群鸟类觅食、活动。对于植物物种的选择，首先应以适地适树为原则，以乡土物种为主，同时可考虑蜜源植物或有鲜艳浆果的引鸟植物。乔灌木种植时应考虑植物成熟后形成的空间，营造出以疏林为主的较开放空间或以密林为主的郁闭空间等。

在冬季或初春时节，由于此时四处湿地所处的区域内动物冬眠刚结束，植物嫩芽、嫩叶尚未长出，水域结冰尚未融冻，鸟类食物资源匮乏。此时需要人工营造鸟巢，需尽量使用天然材料，如枯木、芦苇、稻草、羽毛等。还需要人工喂食，以帮助冬候鸟在此处过冬。此外，在条件允许的情况下，倒在水中的浮木或林地内的腐木可不清除，以形成鸟类生存的微环境。

2. 植物群落营造

所调研的四处滨海湿地内原有的木本植物包括国槐、刺槐、白蜡、旱柳、枣树、栓皮栎、槲栎、核桃楸等；人工种植的乔木包括桃树、榆树、速生杨等；林下灌丛植物类型有荆条、大花溲疏、鼠李、胡枝子、卫矛等。此外，单独生长的常见灌木种类还包括柽柳、紫穗槐等，野生草本植物类型见文后附录 1。不同林鸟对于树种的选择不相同，有时即使选择相同树种，所栖居的树层部位亦不相同，如图 7-22 所示。

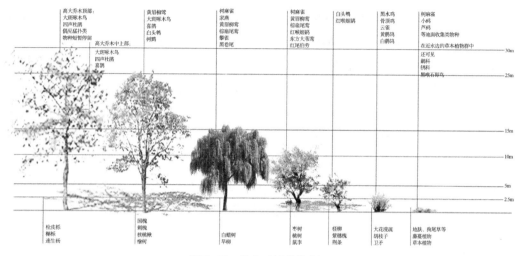

图 7-22 林鸟对树种的选择

7.4.8 建筑屋顶生境

建筑屋顶及屋檐是较为特殊的生境类型，同时是与人类距离最近的生境。如家燕常在建筑的屋檐下筑巢，在高空环境中觅食，在湿地泥潭中衔泥。因此，湿地周边一定范围内可允许建筑物的存在。在此类生境中主要吸引的鸟类包括家燕、雨燕、岩鸽等。

7.4.9 其他类型生境

在农田、果园、鱼塘等环境中出现的鸟类多为寻找食物行为，这些栖息环境为人为规划的结果。农田、果园随季节的变迁其丰富度亦随之变化，鱼塘中的鱼、虾、蟹等的种类目前多为人工养殖的经济类物种，且这三类斑块受人保护，多数鸟类从中觅食的行为受阻。但可以明确的是，有些鸟类只食用其中的有害物种，因此需要探寻出仅阻隔对农田或果园本身产生破坏的鸟类物种的方法。此外，还需要人工投放鱼苗等补充鸟类的食物供给。

7.5 湿地生态系统内食物链的补充与完善

通过对场地中鸟类食物资源的分析可知，植物的茎叶芽、软体动物、浮游生物、鱼、虾、蟹等均为鸟类重要的食物来源。其中鱼虾类对于鸟类而言较为短缺，因此需要在核心区的水域中人工投放鱼苗、虾苗、蟹苗等，形成天然养殖；对于底栖类、两栖类、小型哺乳类等动物，需要营造适宜的生境。

7.5.1 鱼类资源的补充及小生境的营造

根据湿地生态系统内食物链等级，还需要投放鱼类喜食的软体动物、节肢动物形成食肉鱼类的主要食物；构建菹草、金鱼藻、浮萍等为代表的沉水、浮水植物群落，为草食性鱼类提供食物来源。此外，为了形成良好的鱼类内部食物链的小循环，需要合理配比滤食性鱼类、草食性鱼类及肉食性鱼类等。

鱼类通常成群游动，且喜好较松软且光线较弱的池底环境，或在水中鱼礁、石块群等附近游动。水底环境主要可通过沉水植物的种植实现；与前文中为鸟类营造的深水小生境相一致，鱼礁、砾石群等则需要人工放置，这不仅能够形成不同的水流形态及流速的梯度，还可形成较为丰富的水深、地质的变化，并为鸟类提供洄游场所。鱼礁的放置位置需较为平坦且离岸不远的地方，鱼礁大小可根据水域面积决定；砾石群可在水流面积较窄的环境中，顺驳岸营造（图 7-23）。

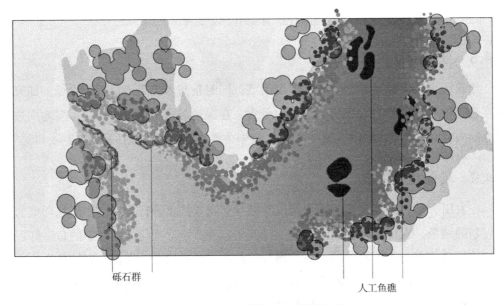

砾石群　　　　　　　　　　　　　　　　　　　　人工鱼礁

图 7-23　人工鱼礁及砾石群设置示意

7.5.2 底栖动物适宜小生境的营造

底栖动物的主要类别有蟹、甲壳类、软体类等，是生态系统食物链中的重要环节。其中蟹类主要是以水草、小鱼、小虾、昆虫等为食，且喜在淤泥丰厚的水底营穴隐居，或在石砾或水草丰茂处活动；其他底栖动物的主要食物来源是水中有机物质、以藻类为代表的水生植物及水中浮游生物等。为了营造底栖类动物适宜的生境，需要增加水下水草的覆盖率,同时需保证基地淤泥的厚度。由于场地内水流本身较为平缓,因此多数水域能够满足底栖动物对平静水面生境的需求。

7.5.3　两栖类动物适宜小生境的营造

七里海古潟湖湿地内的两栖类动物主要是以蛙类为代表,这些物种可见于浅水区内水生植物丰富的环境中,也见于有水型农田、近水水岸或水岸砾石堆环境中。结合文献资料可知,蛙类喜好湿润且柔软的泥土环境及水草茂密的生境进行产卵、憩息等活动,能够在水深 20cm～1m 且水流平缓的水域环境中生存。此外,浅滩斑块、水中砾石群等也能够为其提供良好的陆生生存环境。图 7-24 显示了两栖类动物偏好的生境区域。

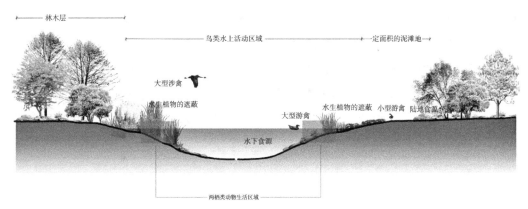

图 7-24　两栖类动物偏好的生境区域

7.5.4　小型哺乳类动物适宜小生境营造

小型哺乳类动物主要包括啮齿类、野兔等动物类型,是大型鸟类的重要食物资源。啮齿类以食用植物的嫩叶、嫩芽及昆虫等,常在土质松软处挖洞穴居;野兔偏好邻近水源的混交林及林下草地等生境,且需要小生境中坡度平缓,便于其奔跑,常在茂密的灌草丛中或枯枝围成的洞穴中营巢、繁殖。小型哺乳类动物对小生境的要求并不是很高,但需要较为隐蔽的环境,可通过乔灌木林、灌草丛等实现。同时可在适当的位置,利用倒下的枯木、树枝、枯草堆等人工布置巢穴。

7.6　生态修复后的管理与监测

7.6.1　水环境的修复与补给

由于近年来水源水量下降,气候变暖后引起的水量蒸发速率加快等问题,引发了七里海古潟湖湿地缺水较为严重的情况,这对动植物的生长生活造成了极大的阻碍。

因此，需要在不同季节进行补水，补充水量的计算依据主要以各生境类型中的优势物种为主，同时综合考虑水量下渗、土壤需水量、代表性动物及微生物等生存蓄水量等，如图 7-25 所示。以核心区中芦苇沼泽斑块为例，每年春季需补水 2 次，在每年 3 月芦苇发芽前需要进行第一次补水，此时土壤尚处于未完全融冻的状态，需要通过补水一方面促进动植物复苏，另一方面保障动植物复苏后的需水量，此时通过补水灌溉深度为 10 ~ 15cm。4 月初时需要对斑块内的水进行排泄，以防止水层过深造成植物闷芽。4 月下旬进行第二次补水，此时芦苇的发芽率为 60% ~ 70%，灌溉的水层不宜过深，仅需要保持土层的湿润即可，以促进芦苇芽齐芽壮，同时需要控制芦苇密度，防止其生长过密造成的植株生长质量下降和抑制群落内其他植物生长等；夏季时期（主要为每年 5 月中旬至 7 月下旬）芦苇生长速度较快，且气温较高，需要采用排灌反复交替的方式，补水时保证水层约为 20cm 即可，以促进芦苇等植物的生长。7 月中下旬时为雨季，这一时段空气湿度较大，气候闷热，芦苇斑块内不易水层过深，需要根据情况排水或适量灌溉；秋季时芦苇主要进行的是生殖生长，营养过剩会造成芦苇节间分生细胞拉长，机械组织软弱，从而造成芦苇"头重脚轻"的状态，易倒伏或折断等。因此这一时期的补水、排水需根据具体情况，只需保证浅水水层为 5cm 即可。到秋季后期至冬季来临时期，主动补水基本停止，主要采用渗透式补水的方式保证斑块内有水状态，以促进越冬芽的萌发。

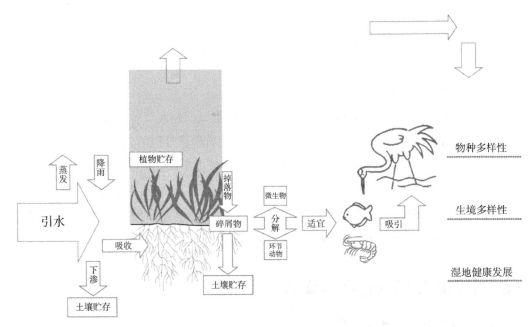

图 7-25　生物补水量设计依据

7.6.2　生态修复后环境的监测方法

对于湿地的修复是动态的且长期的过程，此次修复工作完成后，还需要定期进行环境监测，监测内容可主要从水、动物、植被、土壤等方面进行。如对于水的监测，可分为地下水文情况、地表水质状况、斑块内水域的蓄水能力及水域面积等方面；对于动物进行监测时，仍然可以鸟类为指示物种，以此来确定整条生物链中其他动物的种类、数量及多样性情况；对于植被的分析和检测主要从植物种类多样性、植物群落结构稳定性和丰富度等多方面进行；土壤是万物生长的基础，需要保证其需水量和营养状况，同时要防止土壤受到污染。对生态系统进行实时监测时，应该及时记录相关数据，并定期对数据进行整理、分析，根据相关标准建立数据库，保证每次修复工作的科学性和有效性，同时亦可为湿地生态修复的研究工作提供基础数据，促进学科的发展。

7.7　小结

本章主要针对七里海古潟湖湿地核心区进行了相应的生态修复策略的探讨。根据前文中模型结论的讨论分析，得到了验证场地在鸟类栖息环境质量方面存在的问题，结合场地现状实际条件，提出了以提高湿地生态系统内物种丰富度、改善生境质量为目标的湿地修复策略。

在进行具体修复措施论述时，分别从斑块尺度和小生境尺度进行了讨论。斑块尺度下对原有的芦苇沼泽、盐地沼泽、开阔水面等斑块类型提出了相应的修复策略，对林地斑块面积的增加、物种的增加等进行了讨论，同时提出了增加浅滩及水中岛屿斑块；小生境尺度下的营造与修复工作结合了前文中对鸟类三级生境的划分和详细描述，并分别具体针对浅水、深水、水中岛屿、近水驳岸、浅滩、芦苇沼泽与盐地沼泽、林地生境、建筑屋顶等类型的小生境提出了修复与营造策略，其中植物种类和群落是此次生态修复的重要环节。此外，根据湿地生态系统内食物链的各环节，对可成为鸟类食物资源的鱼虾类、底栖类、两栖类及小型哺乳类动物的小生境进行了构建分析，使其能够在场地内寻找到适宜的生存、繁衍环境，以完善整个食物链。在修复与营造完成后，还需通过人为季节性补排水，解决七里海古潟湖湿地缺水的问题。同时需要进行定期环境监测，采取适宜的生境管理策略，达到对该湿地生态系统进行长期保护的目的。

第 8 章

结　论

8.1　研究结论

8.2　研究的不足与展望

8.1 研究结论

8.1.1 影响鸟类丰富度的环境因子

鸟类是湿地生态系统食物链中极其重要的物种，对于生境环境可自主选择，且对空间有较强的依赖性，一旦选择适宜的栖息生境，则会长久使用；而影响栖息生境最主要的条件为其内部环境质量及外部干扰程度。其中内部质量则主要由是否能够为鸟类提供必要的生境环境类型，每类生境斑块内的植物结构复杂程度及多样程度是否能够满足鸟类对于生态位的基本需求决定。本研究中通过对鸟类丰富度与环境因子关系进行分析，结果显示植物水平斑块丰富度、植物香浓–威纳指数及人类干扰程度是对鸟类丰富度影响显著的环境因子。因此，植物种类和群落的营建是小生境尺度下生态修复的重要环节，芦苇沼泽、盐地沼泽、浅滩、浅水区域、疏林草地及水中岛屿生境斑块内的植物群落修复方法是根据现状立地条件，及该生境吸引的鸟类所需要的条件而提出的具体方案；根据代表性鸟类对栖息条件的需求，需要在现状条件下增加水中鸟岛、浅滩；此外，有些鸟类（如大天鹅、小天鹅等）需要较大面积的水面环境，因此需要扩大原有的水面斑块面积。果园、农田等人工种植用地可在核心区域外适量增加，以丰富物种栖息生境类型，为鸟类提供食物来源。由于七里海古潟湖湿地存在缺水的问题，为了营造出深浅不一的水面环境，需要重塑地形条件，且在不同季节实施补水。

有文献研究表明，面积是影响物种丰富度的重要因子 [5, 17, 152, 160, 161, 163]，然而本研究中对于环境因子与鸟类多样性关系的分析结果却表明面积并非显著影响因子。分析数据发现，果园与农田单位面积的物种丰富度最高，根据鸟类基础调查数据，实用这两类栖息生境的鸟类多为迁徙鸟，且个体数量众多。在迁徙季节，沿海地区内迁徙鸟大量聚集，果园和农田拥有较为丰富的食物供给，因此大部分迁徙鸟会出现在这两类栖息环境中，此时面积不再是影响鸟类丰富度的主要因素。此外，官港森林公园在地理位置上与北大港湿地自然保护区相近，部分出现在北大港湿地的鸟类也会出现在官港森林公园，因此形成单位面积鸟类丰富度较高的情况。

研究中选择了周长–面积分维度描述生境斑块形状特征，分析结果显示该因子对鸟类丰富度的影响程度并不显著。但需要说明的是，由于研究场地中的单个生境斑块面积均较大（>1km^2），在该尺度下斑块形状对鸟类分布并不能够产生主要影响作用；当斑块面积较小（<1km^2）时，其形状可能会对鸟类分布及丰富度产生重要影响。

8.1.2 鸟类及其生境关系应用策略

本研究的意义在于探讨一种科学的方法，得出鸟类与栖息环境的关系，并将其用于规划设计甚至管理中，提高研究区域的物种多样性。在不同的设计规划尺度下，本研究的相关结论可能有着不同的应用方式方法，但其中指导使用的整体方针是相同的，本研究中将主要从以下几方面对研究结论的使用策略进行阐述：

1. 用于指导提高鸟类多样性的使用策略

本研究中在建立模型时，对7个环境因子进行了重要性的选择，其中植物香浓－威纳指数、植物水平斑块丰富度及人类干扰程度对鸟类的物种多样性起到主要的影响作用，因此在生境内提高鸟类物种多样性的方法，可以尝试通过对以上几种环境因子进行相应的提高或降低；鸟类物种多样性还与生境的异质性存在较强的相关性，因此在进行生态系统修复或重建时需要注意不同栖息环境的营建。在与研究中所涉及的四处湿地生态系统环境相似的场地中，芦苇沼泽、盐地沼泽、开阔水面、疏林灌木等生境类型所吸引的鸟类较多，因此在进行生态修复或重建选址时，首先可考虑这几类生境的分布情况及环境质量等；在时间和资金支持充足的条件下，需要在场地内同时具有芦苇沼泽、盐地沼泽、开阔水面、草地、疏林草地、农田、果园、人类居住环境等生境类型。尤其需要注意的是其中人工生境类型（果园及农田）在为鸟类提供丰富食物资源方面的作用。由于在实际项目建设中通常会清除原有的人工池塘、果林、农田等用地，然而本研究结果恰恰表明人工池塘、果林和农田能够促进鸟类丰富度。说明对于这两类生境类型不应受限于人类干扰强度较大的认识，而应该正视其在提高鸟类丰富度方面的作用。因此，在原始资源匮乏的前提下，要适当增加并妥善管理这类人为生境，使资源利用与环境保护同步进行，达到人与自然的和谐。文中建立的模型可用于预测或估算具有相似环境条件场地的鸟类丰富度。即使各环境因子的具体数值不可得到，亦可通过与四处场地中各类生境的比较得到场地鸟类丰富度的大致趋势。

2. 鸟类共位群使用的相关策略

本研究中将鸟类根据其觅食方式分为了11种共位群，可通过提供本共位群内大多数鸟类偏好的生境吸引相同共位群中其他的鸟种；在自然环境有限或人为条件受限的情况下，可首先由对某共位群鸟类来说最重要的生境入手修复或重建，并保证其中最关键的环境因子质量；本研究中鸟类选择栖息环境的研究结果可直接被利用；研究中已经得出了各生境类型对鸟类共位群的重要程度，若在实际规划设计中其中某一类或某些类型生境并未存在，可以通过对待修复场地中现有的生境进行分析评估，得出其与研究中生境类型之间的相似性及相似程度，从而进行相应的修复或重建。

3. 生境质量提高的应用策略

与生境的面积或类型相比，生境中各环境要素的质量直接影响着其中物种的丰富度，因此在现有生境类型既定的情况下，提高生态系统内各生境的环境质量是首先需要设计和规划的内容。尽管在本研究中面积并非影响鸟类物种丰富度的关键因子，这是由于四处湿地的特殊地理环境所造成的，而有文献研究表明面积在有些情况下对提高物种丰富度起到重要作用。因此，应该根据具体待修复场地的客观自然环境条件，考虑生境类型或生境斑块等的面积及面积比例等，使各类型生境在容纳鸟类或其他物种等方面发挥最大化的功效。

需要注意的是，尽管研究中对现状各类型生境与对鸟类的吸引程度进行了探讨和排序，但在实际修复工程中，绝不能生搬硬套地通过改变原有生境类型而重建最能吸引鸟类的生境类型。对于生境中的植物群落的认识，需要将植物种类放在一个动态变化和演替的过程中综合考虑，可通过相关研究方法或模型等，对其进行多年后可能形成的状态进行预景或模拟。将其各阶段的存在状态与物种所需的最优生境条件进行对比，从而得出是否应该对现状植物群落进行调整及应该如何调整的结论，甚至需要对植物群落进行演替过程上的向前或向后阶段的改变。此外，还需要注意的是，在对植物进行演替阶段的调整时，跨度应该尽量控制在一个梯度内，以达到生态角度及经济角度都能够承受的范围。对于已经到演替阶段的后期或发展已较为成熟的植物群落而言，其在形成或贮存生物多样性方面的价值是不容忽略的，通常也是不可替代的，因此对这类群落不应该进行过多的干预和调整，而应该尽量减少人类的不恰当活动对其造成的退化威胁或破坏，同时也应该注意预防自然灾害的发生对其造成的不可逆转的损害。

规划设计师或景观设计师在进行关于生态修复方面的设计时，不仅需要考虑前文中提到的环境因子及其现存状态，还需要综合考虑修复场地所处的自然地理区位、温度带、常年形成的气候条件、土壤条件、水文条件等，不同于其他设计项目中此类非生物因素仅作为设计参考或背景，它们在生态修复工程设计中需要作为主要的环境因素，与生物因素共同考虑，从而制定相应的修复规划设计策略，如在没有水资源或水文条件极差的环境中，就不适宜进行湿地生态系统或人工湿地公园的建设，而应该根据现有的自然状况进行其他景观类型的营建；对于成片的成熟混交林区，就应该进行关于森林生态系统的保护或相关利用，若将其改造成为其他类型公园或自然景观，则是费时费力，又对自然造成重创的举措。

综合以上论述，在进行任何生态系统的规划和设计前，对于场地非生物条件、生物因素及周边经济社会背景的调研尽管持续的时间可能较久，但的确是极其重要的步骤，需要科研人员、设计师的相互配合，尽量仔细地完成，并通过科学的手段进行统计和评估，以提高调研结果的准确度和精确性。本研究结论及上述应用策略主要是针对提高修复场地内的物种丰富度而进行的，若研究或规划设计的目标相异，其使用策略可能并不相同，如研究的目标为提高某一种生物的多样性，可以只针对这一种生物进行其他环境条件或生物链中其他因子的调整，本研究中不展开详细论述。

本研究中得到的关于鸟类物种多样性及共位群多样性的模型，主要是在四处湿地具有相似环境条件的前提下得到的，并不通用于其他任何湿地类型。因此，对它们在实际中的应用也需要将待修复场地与文中的湿地进行对比，在场地环境条件相似的情况下可直接使用。对于结论下的应用策略，涉及具体生境类型或环境要素的部分亦需要根据实际情况进行验证后使用。此外，在具体实际规划设计工程中，通常会有时间或资金的限制，因此这两方面的阻碍和设定亦需要纳入修复策略制定的考虑范围内。

8.1.3 鸟类及其生境关系在景观规划设计实践中的应用

本研究在不同尺度下的应用存在不同的侧重点，可从以下几方面解读：

1. 区域规划尺度及景观尺度

在这两种尺度下主要为景观规划方面的应用，可能涉及的方面包括土地利用、区域生态、景观结构、廊道、生态效应等，而从本研究中可能的应用为关于景观中生物多样性的全方位调研，以及在大范围内如何选取首先需要保护或修复的范围，如保护区内的"核心区"。由于在这种较大尺度和较大范围内对生物或非生物要素进行全面彻底的调查是费时费力费财的过程。景观规划设计师进行项目设计时，常常遇到的情况是在实践有限、投资有限的情况下，使得设计能够真正发挥作用，解决人与环境之间的问题。在这种情况下就需要选取合适的环境指标或具有代表性的指示物种、调研样地、合适大小的样方等，推测出整个区域内动物、植物、微生物等的生存状况、丰富度等方面的信息。其中对于指示物种的选择不仅包含用以代表物种多样性的动物类别，还包括植物群落中的优势物种等。此外，区域内的重要生境类型亦为需要关注的重点，若将指示物种与区域内的重要生境类型相结合进行研究，能够分析出整个场地内的主要特征及环境质量，从而达到事倍功半的效果。如本研究中可结合植物香浓－威纳指数、水平斑块丰富度、人类干扰程度和面积等因素，首先对芦苇沼泽、盐地沼泽、开阔水面、疏林灌木等生境类型进行分析和评价，以得到对场地大体状况的认识和判断。同时，除此普遍性的分析调查外，还需要明确了解其中特殊物种的生存习惯和偏好，对这些特殊物种需要在不影响多数其他物种生存条件的前提下，进行单独规划设计或管理等方面的策略制定。

2. 较大尺度下的景观设计

在这一尺度下可从规划深入到设计，如景观生态修复设计、可持续景观设计等层级的项目均可能为这一尺度。大尺度的景观设计项目中对于待修复或待保护的场地可进行设计，且不能局限于对保护区域核心区的预留，而应当结合生态修复的各项标准及手段，深入到对于区域内各类生境的修复或更新等方面。本研究中的模型建立过程及对结论的使用策略等可作为参考，对生态修复项目中的参考场地进行评估，分析其中的生境结构、植物群落结构及动物对各类生境的使用情况等，从而设定合适的修复目标；预测模型及预测结果可用于对斑块生境中以鸟类为指标的物种多样性的预测和分析。大尺度的场地中可能同时存在人工场地和自然场地，对其进行规划设计时，首先需要以场地规划的方法确定整体设计步骤，在其中对于场地内小范围进行设计时，景观设计师需要提出不同小范围的设计方向，如适宜再发展，可被人为利用的区域；适宜作为严格保护区，禁止人类进入的区域；以及可作为鸟类生境而需要被修复或加强其功能的区域等。对于其中需要严格保护的区域，需要设计师进行详细的实地调研，以确定该区域的保护能力及其能够容纳某些动植物数量的阈值。此外，通过关于鸟类共位群的使用策略，可用于某一类鸟类共位群亟需得到保护，或待修复场地中仅能够提供少数几类生境的条件下，可通过本研究中每类共位群鸟类对栖息场地的选择，及对生物多样性贡献率最高的场地情况来选择生态修复技术恢复或重建的生境类型。

本研究亦可用于城市中生物多样性提高的研究或实际工程项目，如近年来需要大力发展的城市棕地或灰色地带等。随着此类场地中原有的被污染土壤的清除或工业设备的移除等，场地几乎被裸地所覆盖，且土壤中的金属及矿物质含量可能较高，但同时场地中原有的动植物资源较低，生物多样性也较低。在这种情况下，可以通过对周边环境的调研，了解可生长的植物类型及其他低等生物等，根据本研究中各类型生境的环境因子与结构，确定出该场地内可重建的生境类型。此外，对于城市中的综合公园或农业景观、校园景观中，亦可根据本研究的结论，通过人为增加某类或某几类生境斑块，提高整体栖息环境的异质性和多样性，吸引更多的鸟类，提高环境中的生物多样性。如在水域环境中增加芦苇、香蒲等挺水植物或其他浮水植物等，以吸引水鸟；在原有生长有乔木的环境中增加下层植被类型，或在可能的条件下，营造密林、疏林共存的环境条件等，以吸引不同类型的林鸟。

3. 小尺度景观设计

在这一尺度下的景观设计基本不存在对场地再进行保护或可利用等不同发展类型的划分，而是主要集中在对各类生境的设计和营造上，且这类场地可被视为更大范围或区域的重要斑块，或能够起到连接两种环境的廊道等。在小尺度下的景观设计中，需要设计师进行较为详细的设计工作，其中包含种植设计、排水系统设计、地形设计等多方面，且此类设计项目是景观设计师所遇到的类型最多的项目。通常由于尺度较小，场地范围有限，进行设计前的场地调研时，可充分对其中的各环境要素进行甄别，并在原始地形图中进行标示，尤其应该注意场地中的特殊地形、植物或动物等。若设计目标同样为提高场地内的生物多样性，仍可通过对其中生境类型与验证场地中的生境类型做对比，从而制定出需要修复和改善的某些环境因子的数量及结构。

8.1.4 生境管理方法及生物多样性维护

1. 湿地生态系统的分层管理

根据《中华人民共和国自然保护区条例（2017 年修订）》中关于自然保护区的分层保护与管理，主要可分为三层，即：核心区为保护区内保存较为完好的自然状态的区域，及珍稀、濒危动植物分布的区域，该区域中禁止任何单位和个人进入。在其内进行科学研究工作需提交申请且经由自然保护区管理机构批准后方可进入；核心区外围的缓冲区内只准进行科学研究观测活动；缓冲区外围的试验区可进行科研试验、教学实习、参观考察及旅游等活动。基于此，对于七里海古潟湖湿地的分层级保护和管理亦是必要的手段。其中核心区内除科研工作人员进行动物食物补给、设置人工巢穴等活动外，应尽量避免人为干扰，且需在核心区周围形成一定宽度的隔离带，如在七里海古潟湖湿地核心区内可利用原有的河流条件，结合"密林区＋疏林区＋地被植物"的形式，阻隔人类干扰。在植物种植条件受限的情况下，可通过明确的空间围合手法，如铁丝网的设置等，对该区域形成保护；缓冲区内现状存在较多的农业活动及村镇建设，需要逐渐减少此类人为活动和建设，尽量保证其自然状态；实验区承载着主要的观赏、游览、科研活动等任务，需要体现湿地生态系统的特点，同时要防止对自然环境造成人为污染。

2. 鸟类生境的管理

对于鸟类的生境管理，主要可从水生生境及陆生生境两方面分别进行。

（1）水生生境的管理工作主要涉及水位的控制、定期补排水等，水位控制需保证丰水期水位不淹没人工鱼礁、滩涂；秋末对挺水植物收割后要防止植株掉入水体中，造成水体有机物的大量沉淀；对于水下生长速度较快的藻类植物需要定期清除，防止其造成水体富营养化，对生活在水下的生物生存造成威胁。

（2）对于陆地生境的管理主要为对林地环境和草地环境的维护工作。尤其林地环境中应尽量保持其野生状态，不清理枯木倒树、灌丛，减少农药的使用等，以提升林地及草地自身的保育能力，为其他低等生物提供合适的生长条件，形成完善的食物链。

3. 生物多样性维护

在对湿地生态系统内生物多样性维护时，可通过不同层级进行。最高层级为国家或区域相关法律规定的制订，如我国已经出台的《中华人民共和国野生动物保护法》《野生植物保护法》及《自然保护区条例》等，已经对自然环境、珍稀动植物进行了保护界定；在规划层面，可通过国家公园、自然保护区等对适宜动植物生长的成片生境进行保护规划。而规划的基础之一是对研究范围内的生境斑块类别、环境质量等进行有效的调查和分析，对其中的动物种类、植物群落等进行普查，进行生境制图和相关数据分析，以确定不同层级的保护区域和物种资源。并形成"点""线""面"相结合的自然生境网络；对研究区域现状或修复后环境进行监测时，需要以定期更新的实际监测数据为准，并将其对公众开放，起到全民监督和参与的作用。

湿地是较为复杂且完善的自然生态系统，由地形地貌条件、土壤条件、各层级微生物、植物、动物等共同形成了完整的食物链。对于湿地生态系统的修复错综复杂，本研究尝试从其中一个环节入手，结合研究场地的具体问题，提出基于每类生境的斑块及小生境两个层级的修复策略。需要注意的是，湿地生态系统是动态的有机体，后期的监测和维护仍然是重要的内容，同时亦是本研究可纵向延续的课题。

8.2　研究的不足与展望

8.2.1　研究的不足

本研究中仍存在以下不足之处：

1. 研究中选择了地理位置相近的三处滨海湿地为"参考场地"，利用这三处场地内不同斑块生境中的相关数据建立了环境因子和鸟类丰富度之间关系的模型。但是由于数据有限，使得预测模型的精度受限。需要在今后的研究中不断积累相关案例和数据，以扩大模型中的数据量。

2. 鸟类的食物是影响其分布的主要因素之一，研究中缺乏所调研的四处湿地内不同生境斑块中鸟类食物的量化统计，因此无法对该项影响因素进行定量分析，在书中仅做了定性描述。解决这一缺陷的方法是继续对原场地进行长时间的田野调查。

3. 对于湿地景观生态系统修复后的监测内容的制定不够细致，首先是由于生境营造策略并未实施，缺乏监测过程和数据；其次对相似场地进行研究和生境规划的文献极其有限，可借鉴的成功案例也并不多；此外，笔者在这一方面知识储备有限，这需要在今后的研究和学习中不断积累。

8.2.2　研究展望

本书从鸟类生境的视角入手进行湿地生态系统修复的相关研究，由于此项研究对研究场地的依赖程度较高，因此需要对场地中鸟类、其他生物、植物资源等的生长进行长期的观察和记录，尤其对鸟类偏好生境中的植物群落配置更需要实践调研及试验。因此，后续还需继续对涉及的场地进行定期观察和分析，以确保对鸟类偏好生境规划设计的准确性和可行性。

我国对于湿地景观生态系统的修复还存在较多的实际问题。如在市政管理层面出现了多部门分工不明确的现象，同一生态环保区域可能由国土局、环保局、海洋局、规划委等部门共同管理，但各部门责任混乱，为修复工作造成了诸多不便；此外，对于生态系统的监测和调查不到位，数据难以公开等问题亦司空见惯。缺失的非生物环境数据和生物数据一方面使得科研阻力较大，另一方面无法让公众了解生态修复的过程和价值，更无法形成公众的认同感和参与感。

基于此类问题，首先需要对各政府部门的管辖范围及相应职责明晰化，集中各部门力量，共同合作，组织相关领域专家学者，对当地的生态系统进行分析研究，制定短期与长期相结合的具体修复规划策略和措施；对于其中数据的收集工作，除专业研究人员的参与外，还可形成以非政府组织、志愿者团队及保护区管理人员共同组成的考察团队，对具有维护生物多样性价值的各类型生态系统进行普查和学习。同时相关环境监测数据可在政府网站上公开，或提供较为便捷的获取数据的途径，使得研究工作能够事半功倍，并使公众更深入了解该项工作。

对文献进行检索分析及综述部分均显示，国外的景观设计行业已能够完成关于生态修复工程的规划设计，且理论和实践均较为成熟，而国内虽然存在景观设计与生态领域的渗透，但主要存在于景观生态学领域，真正由景观设计师牵头的关于生态修复的研究或实践仍在不断的探索中。从景观设计师的培养学习体系中可以看到，其内容包括了对自然或人工场地的调研分析、设计规划及后期管理的部分，同时所进行的设计规划训练亦涉及了关于场地的保护、可持续发展利用、设计完成后的社会效应和美学价值等多方面的内容。因此，景观设计师对于生态系统修复的工程具有一定的专业性和话语权，且景观设计专业的最初定位就是以人类为中心，结合了科学和艺术的，用于解决人类与自然环境之间矛盾和问题的一门学科[177]。

本研究正是在这样的大背景下所提出的新的尝试，即以景观设计师的视角出发，应用生态学、统计学等相关方面的知识得出研究结论，最后将结论应用于具体实际修复工作中，同时提出了在不同尺度下相关研究开展的可能方法和对研究结果的应用方式，及修复工作中能够被利用成为可观赏景观的部分，从而体现出修复工作的生态价值、社会价值、经济价值及美学价值等，即在可能的情况下，使得对生态系统的保护与利用并存，进而促进生态系统、人类社会系统等的和谐发展。本研究的价值就在于能够为景观设计师在关于生态修复相关领域的研究和实践工作中起到抛砖引玉的作用。

附录1

附录1.1 参考场地内主要植物种类总结

科属编号	科属	植物名称	植物拉丁名	特殊作用
1	蓝雪科	矶松（二色补血草）	*Limonium bicolor*	盐碱土指示生物，全草入药
2	菊科	阿尔泰紫菀	*Heteropappus altaicus*	
		碱菀	*Tripolium vulgare*	盐碱土指示生物
		苍耳	*Xanthium sibiricum*	
		鳢肠（墨旱莲）	*Eclipta prostrata*	
		鬼针草	*Bidens bipinnata*	
		高山蓍	*Achillea alpina*	
		猪毛蒿	*Artemisia scoparia*	
		黄花蒿	*Artemisia annua*	
		艾蒿	*Artemisia argyi*	
		款冬	*Tussilago fartara*	
		大花千里光	*Senecio ambraceus*	
		刺儿菜	*Cirsium setosum*	
		鸦葱	*Scorzonera austriaca*	
		亚洲蒲公英	*Taraxacum asiaticum*	
		碱蒲公英	*Taraxacum sinicum*	
		苣荬菜	*Sonchus brachyotus*	
		苦苣菜	*Sonchus oleraceus*	
		抱茎苦荬菜	*Ixeris sonchifolia*	
		苦菜	*Ixeris chinensis*	
3	香蒲科	香蒲	*Typha angustifolia*	
4	黑三棱科	黑三棱	*Sparganium stoloniferum*	
5	眼子菜科	马来眼子菜	*Potamogeton malaianus*	
		菹菜（扎草）	*Potamogeton crispus*	
		角果藻	*Zannichellia palustris*	
6	茨藻科	大茨藻	*Najas marina*	
		小茨藻	*Najas minor*	
		细叶茨藻	*Najas graminea*	
7	泽泻科	泽泻	*Alisma plantago-aquatica*	
8	水鳖科	白萍	*Hydrocharis dubia*	

科属编号	科属	植物名称	植物拉丁名	特殊作用
8	水鳖科	黑藻	*Hydrilla verticillata*	
		苦草	*Vallisneria asiatica*	
9	禾本科	碱茅	*Puccinellia distans*	
		华北臭草	*Melica onoei*	
		雀麦	*Bromus japonicus*	
		獐毛草（马绊草）	*Aeluropus littoralis* var. *sinensis*	
		芦苇	*Phragmites australis*	
		鹅观草	*Roegneria kamoji*	
		披碱草	*Elymus dahuricus*	
		牛筋草	*Eleusine indica*	
		虎尾草	*Chloris virgata*	
		稗草	*Echinochloa crusgallii*	
		长芒稗	*Echinochloa crusgallii* var. *caudata*	
		无芒稗	*Echinochloa crusgallii* var. *mitis*	
		家稗	*Echinochloa crusgallii* var. *frumentacea*	
		马唐	*Digitaria sanguinalis*	
		狗尾草	*Setaria viridis*	
		荻	*Miscanthus sacchariflorus*	
10	莎草科	蔗草	*Scirpus triqueter*	
		水葱	*Scirpus tabernaemontani*	
		荆三棱	*Scirpus yagara*	
		扁杆蔗草	*Scirpus planiculmis*	
		香附子	*Cyperus rotundus*	
		花穗水莎草	*Juncellus pannonicus*	
		沼生苔草	*Carex limosa*	
11	浮萍科	浮萍	*Lemna minor*	
12	鸭跖草科	鸭跖草	*Commelina communis*	
13	雨久花科	鸭舌草	*Monochoria vaginalis*	
14	萝摩科	鹅绒藤	*Cynanchum chinensis*	
		地梢瓜	*Cynanchum thesioides*	
		白首乌（柏氏白前）	*Cynanchum bungei*	
15	旋花科	田旋花	*Convolvulus arvensis*	
		打碗花	*Calyslegia hederacea*	
		藤长苗	*Calyslegia pellita*	
16	紫草科	砂引草	*Messerschmidia rosmarinifolia*	
		鹤虱	*Lappula myosotis*	

科属编号	科属	植物名称	植物拉丁名	特殊作用
16	紫草科	附地菜	*Trigonotis peduncularis*	
		斑种草	*Bothriospermum chinense*	
		湿地勿忘草	*Myosotis caespitosa*	
17	茄科	枸杞	*Lycium chinense*	
		曼陀罗	*Datura stramonium*	
18	玄参科	地黄	*Rehmannia glutinosa*	
		婆婆纳	*Veronica didyma*	
19	车前科	车前	*Plantago asiatica*	
		大车前	*Plantago major*	
20	茜草科	茜草	*Rusia cordifolia*	
		四叶葎	*Galium bungei*	
21	豆科	野大豆	*Glycine soja*	
22	锦葵科	苘麻（青麻）	*Abufilon theophrasti*	
		野西瓜苗	*Hibiscus trionum*	
23	柽柳科	柽柳	*Tamarix chinensis*	
24	堇菜科	紫花地丁	*Viola yedoensis*	
25	十字花科	离子草	*Chorispora tenella*	
		独行菜（葶苈子）	*Lepidium apetalum*	
		葶苈	*Draba nemorosa*	
26	鼠李科	酸枣	*Zizyphus jujuba var. spinosa*	
27	藜科	滨藜	*Atriplex patens*	
		地肤（扫帚苗）	*Kochia scoparia*	
		刺穗藜	*Chenopodium aristatum*	
		菊叶香藜	*Chenopodium foetidum*	
		灰绿藜	*Chenopodium glaucum*	
		杂配藜	*Chenopodium hybridum*	
		灰菜（藜）	*Chenopodium album*	
		盐地碱蓬（黄须菜）	*Suaeda salsa*	
		碱蓬	*Suaeda glauca Bunge*	
		猪毛菜	*Salsola collina pall*	
28	苋科	野苋	*Amaranthus lividus*	
		绿苋	*Amaranthus viridis*	
29	蓼科	齿果酸模	*Rumex dentatus*	
		土大黄	*Rumex petientia*	
		珠芽蓼	*Polygonum viviparum*	
		西伯利亚蓼	*Polygonum sibiricum*	碱性土壤指示植物

科属编号	科属	植物名称	植物拉丁名	特殊作用
29	蓼科	水蓼	*Polygonum hydropiper*	
		扁蓄	*Polygonum ayiculare*	
30	桑科	葎草（拉拉映）	*Humulus scandens*	
31	大戟科	铁苋菜	*Acalypha australis*	
		地锦草	*Euphorbia humifusa*	
		乳浆大戟	*Euphorbia esula*	

附录1.2 验证场地（七里海古潟湖湿地）内主要植物种类

编号	群落名称	拉丁名	频次	类别	生活型
1	玉米	*Zea mays community*	16	农作物	草本
2	辣椒	*Capsicum annuum community*	1	农作物	灌木
3	陆地棉	*Gossypium hirsutum community*	16	农作物	灌木
4	桃树	*Amygdalus persica community*	1	农作物	乔木
5	榆树	*Ulmus pumila community*	2	人工林	乔木
6	刺槐	*Robinia pseudoacacia community*	2	人工林	乔木
7	杨树	*Populus L.*	2	人工林	乔木
8	速生杨	*Populus nigra community*	4	人工林	乔木
9	水葱	*Schoenoplectus tabernaemontani community*	2	水生植物	草本
10	芦苇	*Phragmites australis community*	16	水生植物	草本
11	扁秆藨草	*Scirpus compactus community*	2	水生植物	草本
12	白茅	*Imperata cylindrica community*	2	野生植物	草本
13	马齿苋	*Portulaca oleracea community*	2	野生植物	草本
14	马唐属	*Digitaria sp. community*	2	野生植物	草本
15	曼陀罗	*Datura stramonium community*	2	野生植物	草本
16	牛筋草	*Eleusine indica community*	2	野生植物	草本
17	苘麻	*Abutilon theophrasti community*	2	野生植物	草本
18	铁苋菜	*Acalypha australis community*	2	野生植物	草本
19	长芒苋	*Amaranthus palmeri community*	2	野生植物	草本
20	益母草	*Leonurus japonicus community*	2	野生植物	草本
21	中华小苦荬	*Ixeris chinensis community*	2	野生植物	草本
22	稗属	*Echinochloa sp. community*	4	野生植物	草本
23	蒿蓄	*Polygonum aviculare community*	2	野生植物	草本
24	苍耳	*Xanthium sibiricum community*	2	野生植物	草本
25	刺儿菜	*Cirsium setosum community*	2	野生植物	草本
26	独行菜	*Lepidium apetalum community*	2	野生植物	草本
27	鬼针草	*Bidens pilosa community*	2	野生植物	草本

续表

编号	群落名称	拉丁名	频次	类别	生活型
28	虎尾草	*Chloris virgata community*	2	野生植物	草本
29	黄花蒿	*Artemisia annua community*	2	野生植物	草本
30	藜	*Chenopodium album community*	3	野生植物	草本
31	猪毛蒿	*Artemisia scoparia community*	3	野生植物	草本
32	翅果菊	*Lactuca indica community*	4	野生植物	草本
33	苣荬菜	*Sonchus arvensis community*	4	野生植物	草本
34	狗尾草	*Setaria viridis community*	8	野生植物	草本
35	碱蓬	*Suaeda glauca community*	8	野生植物	草本
36	地肤	*Kochia scoparia community*	10	野生植物	草本
37	酸枣	*Ziziphus jujuba var. spinosa community*	2	野生植物	灌木
38	紫穗槐	*Amorpha fruticosa community*	2	野生植物	灌木
39	柽柳	*Tamarix chinensis community*	2	野生植物	灌木
40	茜草	*Rubia cordifolia community*	2	野生植物	藤本植物
41	大豆	*Glycine soja community*	2	野生植物	藤本植物
42	圆叶牵牛	*Ipomoea purpurea community*	2	野生植物	藤本植物
43	葎草	*Humulus scandens community*	6	野生植物	藤本植物

附录 2

附录 2.1　四处湿地调研所得的鸟类及其居留型

编号	共位群	科属	种类	拉丁名	居留型			
					留鸟	夏候鸟	冬候鸟	迁徙鸟
1	潜水类	鸊鷉科	小鸊鷉	*Tachybaptus ruficollis*		+		
2			凤头鸊鷉	*Podiceps cristatus*				+
3			角鸊鷉	*Podiceps auritus*				+
4			黑颈鸊鷉*	*Podiceps nigricollis*				+
5		鸬鹚科	鸬鹚	*Phalacrocorax carbo*				+
6		鸭科	普通秋沙鸭	*Merges merganser*				+
7			琵嘴鸭*	*Anas clypeata*				+
8	涉水捕食类	鹭科	大白鹭	*Egret alba*		+		
9			白鹭	*Egretta gazetta (Linnaeus)*		+		+
10			苍鹭	*Area cinerea*		+		
11			池鹭	*Arreola bacchus*		+		
12			夜鹭	*Nycticorax nycticorax*		+		
13			草鹭*	*Ardea purpurea*		+		
14			黄斑苇鳽	*Ixobrychus sinensis*		+		
15			大麻鳽*	*Botaurus stellaris*		+		
16			紫背苇鳽	*Ixobrychus eurhythmus*		+		
17			栗苇鳽	*Ixobrychus cinnamoneus*				
18		反嘴鹬科	反嘴鹬*	*Recurvirostra avosetta*				+
19			黑翅长脚鹬	*Himantopus himantopus*		+		+
20	探查类	鸻科	灰头麦鸡*	*Vanellus cinereus*				+
21			金眶鸻	*Charadrius dubius*		+		+
22			环颈鸻	*Charadrius alexandrinus*		+		+
23			灰斑鸻*	*Pluvialis squatarola*				+
24			蒙古沙鸻	*Charadrius mongolus*				+
25			铁嘴沙鸻	*Charadrius leschenaultii*				+
26		鹬科	红脚鹬	*Tringa totanus*				+
27			泽鹬	*Tringa stagnatilis*				+
28			矶鹬	*Actitis hypoleucos*				+
29			青脚鹬	*Tringa nebularia*				+

编号	共位群	科属	种类	拉丁名	居留型			
					留鸟	夏候鸟	冬候鸟	迁徙鸟
30	探查类	鹬科	白腰草鹬	*Tringa ochropus*				+
31			鹤鹬*	*Tringa erythropus*				+
32			林鹬	*Tringa glareola*		+		
33			长趾滨鹬*	*Calidris subminuta*				+
34			白腰杓鹬	*Numenius arquata*				+
35			大杓鹬	*Numenius madagascariensis*				+
36			针尾沙锥	*Gallinago stenura*				+
37			扇尾沙锥	*Gallinago gallinago*				+
38		鸠鸽科	珠颈斑鸠	*Streptopelia chinensis*	+			
39			山斑鸠	*Streptopelia orientalis*		+		
40		戴胜科	戴胜	*Upupa epops*		+		+
41			棕腹啄木鸟	*Dendrocopos hyperythrus*				+
42		鹟鸲科	红尾伯劳	*Lanius cristatus*		+		+
43		鹳科	东方白鹳	*Ciconia boyciana*				+
44	水面捕食类	朱鹭科	黑脸琵鹭	*Platalea minor*				+
45		鹤科	灰鹤	*Grus grus*				+
46		朱鹭科	白琵鹭*	*Platalea leucorodia*				+
47		鸭科	鸿雁	*Anser cygnoides*				+
48			豆雁	*Anser fabelis*				+
49			灰雁	*Anser anser*				+
50			大天鹅	*Cygnus cygnus*				+
51			小天鹅	*Cygnus columbianus*				+
52			疣鼻天鹅	*Cygnus olor*				+
53			绿翅鸭	*Anas crecca*				+
54			赤颈鸭*	*Anas penelope*				+
55			红头潜鸭*	*Aythya ferina*				+
56			鹊鸭*	*Bucephala clangula*				+
57			斑头秋沙鸭*	*Mergus albellus*				+
58			绿头鸭	*Anas platyrhynchos*		+		+
59			赤麻鸭	*Tadorna ferruginea*			+	+
60			白眉鸭	*Anas querquedula*				+
61			翘鼻麻鸭*	*Tadorna tadorna*				+
62		鸥科	黑尾鸥	*Larus crassirostris*				+
63			海鸥	*Larus canus*				+
64			红嘴鸥	*Larus ridibundus*				+

编号	共位群	科属	种类	拉丁名	居留型			
					留鸟	夏候鸟	冬候鸟	迁徙鸟
65	水面捕食类	鸥科	灰背鸥	*Larus schistisagus*				+
66			须浮鸥	*Chlidonias hybrida*		+		
67			燕鸥	*Sterna hirundo*		+		
68			遗鸥	*Larus relictus*				+
69	地面收集类	秧鸡科	黑水鸡	*Gallinula chloropus*		+		
70			骨顶鸡	*Felicia atra*		+		+
71		鹬科	弯嘴滨鹬*	*Calidris ferrugines*				+
72			凤头麦鸡	*Vanellus vanellus*				+
73			剑鸻	*Charadrius hiaticula*		+		+
74		鸦科	树麻雀	*Passer montanus*	+			
75		鹀科	小鹀	*Emberiza pusilla*			+	+
76			芦鹀	*Emberiza schoeniclus*				+
77		雀科	苇鹀	*Emberiza pallasi*			+	
78		燕科	家燕	*Hirundo rustica*		+		
79		鸠鸽科	岩鸽*	*Columba rupestris*	+			
80			欧斑鸠*	*Streptopelia turtur*				+
81		鹡鸰科	黄鹡鸰*	*Motacillae flava*				+
82			白鹡鸰*	*Motacilla alba*				+
83			红喉鹨*	*Anthus cervinus*				+
84		鸫科	北红尾鸲*	*Phoenicurus auroreus*		+		+
85		攀雀科	攀雀*	*Remiz pendulinus*				+
86			云雀	*Alauda arvensis*			+	
87		鹀科	灰头鹀*	*Emberiza spodocephala*				+
88		燕科	树鹨	*Anthus hodgsoni*				+
89		鹡鸰科	水鹨*	*Anthus spinoletta*		+		
90	猛扑类	鹰科	黑鸢	*Milvus migrans*		+		+
91			黑耳鸢	*Milvus migrans lineatus*	+			
92			苍鹰	*Accipiter gentilis*				+
93			雀鹰	*Accipiter nisus*				+
94			白尾鹞	*Circus cyaneus*				+
95			鹊鹞	*Circus melanolecos*				+
96			白头鹞	*Circus aeruginosus*				+
97			白腹鹞*	*Circus spilonotus*				+
98			普通鵟	*Buteo buteo*				+
99			大鵟	*Buteo hemilasius*		+		+

编号	共位群	科属	种类	拉丁名	居留型			
					留鸟	夏候鸟	冬候鸟	迁徙鸟
100	猛扑类	鹰科	草原鹞	*Circus macrourus*				+
101			黑翅鸢	*Elanus caerhleu*		+		
102			毛脚鵟	*Buteo lagopus*				+
103		伯劳科	红尾伯劳	*Lanius cristatus*				+
104			灰伯劳	*Lanius excubitor*			+	+
105		隼科	灰背隼	*Falcon columbarius*				+
106			燕隼	*Falco subbuteo*				+
107			游隼	*Falco peregrinus*				+
108		鹗科	鱼鹰	*Pandion haliaetus*				+
109		鸱鸮科	长耳鸮	*Asio otus*		+		
110		鸥科	黑嘴鸥	*Larus saundersi*		+		
111			白翅浮鸥*	*Chlidonias leucoptera*		+		
112		隼科	黄爪隼	*Falco naumanni*		+		
113			红隼	*Falco tinnunculus*		+		
114		鸱鸮科	东方角鸮	*Otus sunia*		+		
115			纵纹腹小鸮	*Athehe noctuna*		+		
116			普通雕鸮*	*Bubo bubo*	+			
117	芦苇及灌丛捕食类	莺科	东方大苇莺*	*Acrocephalus orientalis*		+		
118			棕扇尾莺*	*Cisticola juncidis*				+
119		鹟科	黑眉苇莺*	*Acrocephalus bistrigiceps*		+		+
120			红喉（姬）鹟*	*Ficedula parva*				+
121	开凿类	啄木鸟科	大斑啄木鸟	*Dendrocopos major*	+			
122			灰头绿啄木鸟*	*Picus canus*	+			
123	飞掠水面类	鹰科	白尾海雕	*Haliaeetus albicilla*				+
124	树间捕食类	鸦科	喜鹊*	*Pica pica*	+			
125		杜鹃科	四声杜鹃*	*Cuculus micropterus*		+		+
126			大杜鹃*	*Cuculus canorus bakeri*		+		
127		莺科	黄眉柳莺*	*Phylloscopus inornatus*				+
128		鸦科	白头鹎*	*Pycnonotus sinensis*		+		+
129	直降捕食类	燕科	金腰燕*	*Cecropis daurica*	+			
130		黑卷尾	黑卷尾*	*Dicrurus macrocercus*				+
131		鹟科	黑喉石即鸟*	*Saxicola torquata*				+

注：表中＊表示该种在此次调研中并未在验证场地内出现。

附录 2.2　各共位群鸟类可选择的生境分布

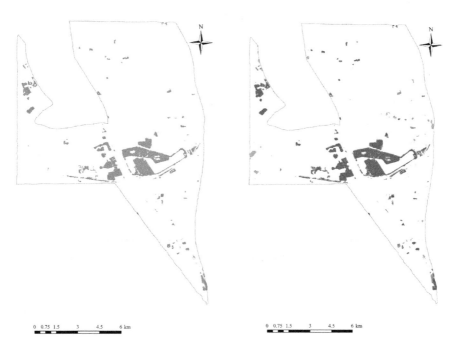

图 1　潜水类鸟类可选择的生境分布　　图 2　涉水捕食类鸟类可选择的生境分布

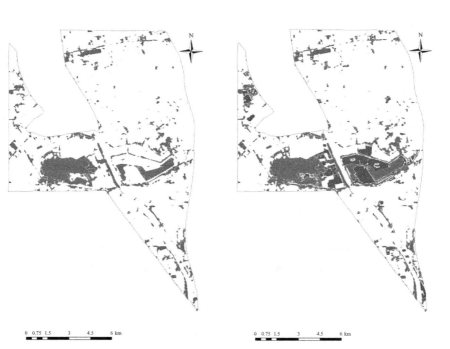

图 3　探查类鸟类可选择的生境分布　　图 4　水面捕食类鸟类可选择的生境分布

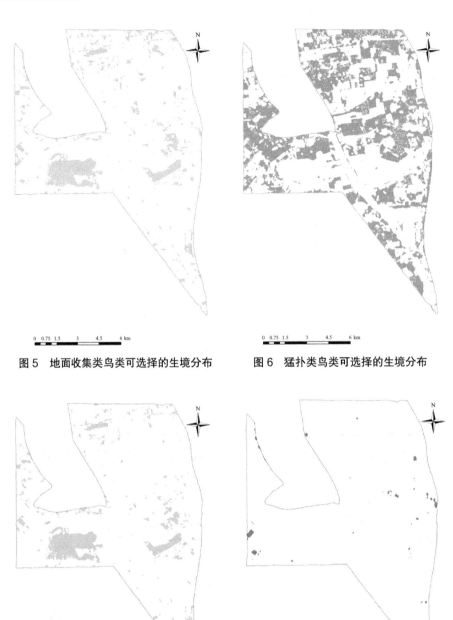

图5　地面收集类鸟类可选择的生境分布　　　图6　猛扑类鸟类可选择的生境分布

图7　芦苇及灌丛捕食类鸟类可选择的生境分布　图8　开凿类鸟类可选择的生境分布

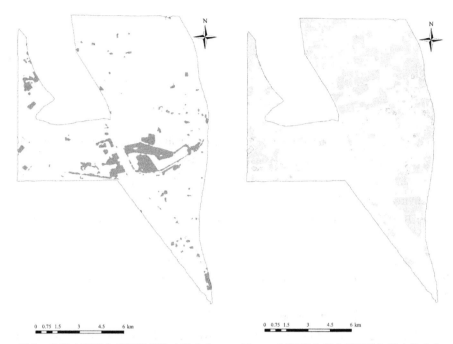

图 9　飞掠水面类鸟类可选择的生境分布　　图 10　树间捕食类鸟类可选择的生境分布

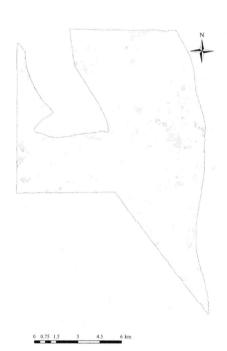

图 11　直降捕食类鸟类可选择的生境分布

参考文献

[1] Mooney P. A systematic approach to incorporating multiple ecosystem services in landscape planning and design[J]. Landscape Journal，2014，33（2）：141-171.

[2] Hu S. et al. Global wetlands：Potential distribution，wetland loss，and status[J]. Science of The Total Environment.2017，586（15）：319-327.

[3] Zedler J.B. Progress in wetland restoration ecology[J]. Trends in Ecology & Evolution，2000，15（10）：402-407.

[4] Lutz，Wolfgang，Sanderson，et al. The end of world population growth[J]. Nature，2001.

[5] Mooney P. A general model of avian biodiversity https：//deepblue.lib.umich.edu/handle/2027.42/126516. 2007.

[6] Division，P. World urbanization prospects：the 2014 revision：highlights. 2014.

[7] Spray S.L. and K.L. McGlothlin. Loss of biodiversity[M]. Lanham：Rowman & Littlefield，2003.

[8] Meli P，José María Rey Benayas，Balvanera P，et al. Restoration enhances wetland biodiversity and ecosystem service supply，but results are context-dependent：a meta-analysis[J]. PloS one，2014，9（4）：e93507.

[9] 李晓文，胡远满，肖笃宁. 景观生态学与生物多样性保护 [J]. 生态学报，1999，19（3）：399-407.

[10] Davidson N.C. How much wetland has the world lost? Long-term and recent trends in global wetland area [J]. Marine and Freshwater Research，2014，65（10）：934-941.

[11] Strauch A.，et al. Towards a Global Wetland Observation System：The Geo-Wetlands Initiative[A]. ESA Living Planet Symposium，2016.

[12] 朱建安. 世界遗产旅游发展中的政府定位研究 [J]. 旅游学刊，2004，19（4）：79-84.

[13] 林拓，李惠斌，薛晓源. 世界文化产业发展前沿报告（2003～2004）[M]. 北京：社会科学文献出版社，2004.

[14] Fung F. and T. Conway. Greenbelts as an Environmental Planning Tool：A Case Study of Southern Ontario，Canada[J]. Journal of Environmental Policy & Planning，2007，9（2）：101-117.

[15] 张庆费. 城市绿色网络及其构建框架 [J]. 城市规划学刊，2002（1）：75-76.

[16] Assessment M. E. Millennium ecosystem assessment. Ecosystems and Human Well-Being：Biodiversity Synthesis. Published by World Resources Institute，Washington，DC，2005.

[17] Melles S.，S.M. Glenn and K. Martin. Urban Bird Diversity and Landscape Complexity：Species-environment Associations Along a Multiscale Habitat Gradient[J]. Ecology & Society，2003，7（1）：928-930.

[18] 陈志恺. 中国水资源的可持续利用问题 [J]. 中国人口·资源与环境，2010，32（6）：1-5.

[19] 张秀冰，白桂梅. 解决环境污染和生态危机的深层次问题 [J]. 中国城市经济，2009（5）：52-56.

[20] Alberti M. Advances in Urban Ecology[M]. Springer Verlag Ny，2008.

[21] Jenks M. and C. Jones. Dimensions of the Sustainable City[M]. Springer Netherlands，2010.

[22] 何光好 . 我国农药污染的现状与对策 [J]. 现代农业科技，2005（6）：57-57.

[23] Díaz I.A.，et al. Linking forest structure and composition：avian diversity in successional forests of Chiloé Island，Chile[J]. Biological Conservation，2005，123（1）：91-101.

[24] Kremen C. Managing ecosystem services：what do we need to know about their ecology? [J]. Ecology Letters，2005，8（5）：468-479.

[25] 沈洪艳，宋存义，贾建和 . 城市化进程中的生态环境问题及生态城市建设 [J]. 河北师范大学学报（自然科学版），2006，30（6）：726-730.

[26] Pond D. Ontario's Greenbelt：Growth Management，Farmland Protection，and Regime Change in Southern Ontario[J]. Canadian Public Policy，2009，35（4）：413-432.

[27] 李开然 . 绿色基础设施：概念，理论及实践 [J]. 中国园林，2009，25（10）：88-90.

[28] 车生泉，谢长坤，陈丹，等 . 海绵城市理论与技术发展沿革及构建途径 [J]. 中国园林，2015，31（6）：11-15.

[29] 俞孔坚，李迪华，袁弘，等 ."海绵城市"理论与实践 [J]. 城市规划，2015，39（6）：26-36.

[30] Irvine K.N.，et al. Ecological and Psychological Value of Urban Green Space[J]. Dimensions of the Sustainable City，2010，2：215-237.

[31] Zedler J.B. and S. Kercher. Wetland resources：status，trends，ecosystem services，and restorability[J]. Annu. Rev. Environ. Resour.，2005，30：39-74.

[32] Bureau R. The Ramsar Convention on Wetlands [R]. Key Documents. Available via http：// www/. ramsar. org/index_key_docs. htm，2002.

[33] Nelleman C. and E. Corcoran. Dead Planet，Living Planet：Biodiversity and Ecosystem Restoration for Sustainable Development[J]. Environmental Policy Collection，2010. 21（6）：869-969.

[34] Erwin K.L. Wetlands and global climate change：the role of wetland restoration in a changing world[J]. Wetlands Ecology & Management，2009，17（1）：71.

[35] Gong P.，et al. Finer resolution observation and monitoring of global land cover：First mapping results with Landsat TM and ETM+ data[J]. International Journal of Remote Sensing，2013，34（7）：2607-2654.

[36] Niu Z.，et al. Mapping wetland changes in China between 1978 and 2008 [J]. Chinese Science Bulletin，2012：1-11.

[37] 谢传宁 . 气候变化与湿地生态系统的关系 [A]. 长三角科技论坛—环境保护与生态文明分论坛 . 2011.

[38] Pörtner H.O. and A.P. Farrell Ecology. Physiology and climate change[J]. Science，2008，322（5902）：690-2.

[39] Bendor T. A dynamic analysis of the wetland mitigation process and its effects on no net loss policy[J]. Landscape & Urban Planning，2009，89（1–2）：17-27.

[40] 安树青，李哈滨，关保华，等，中国的天然湿地：过去的问题、现状和未来的挑战 [J]. AMBIO- 人类环境杂志，2007（4）：317-324.

[41] Dr U.P. China national wetland conservation action plan[M]. China Foreatry Pub. House. 2002：103-110.

[42] 国家林业局等编制 . 中国湿地保护行动计划 [M]. 北京：中国林业出版社 . 2000.

[43] Jones T. Wetlands，Biodiversity and the Ramsar Convention. Ramsar org，1996.

[44] 赵峰，鞠洪波，张怀清，等. 国内外湿地保护与管理对策 [J]. 世界林业研究，2009，22（2）：22-27.

[45] 俞孔坚，李迪华，吉庆萍. 景观与城市的生态设计：概念与原理 [J]. 中国园林，2001，17（6）：3-10.

[46] 陈英瑾. 人与自然的共存——纽约中央公园设计的第二自然主题 [J]. 世界建筑，2003（4）：86-89.

[47] 何疏悦，李隽诗，王如君. 浅谈城市景观设计师的社会责任 [J]. 中国林业教育，2013，31（2）：4-7.

[48] Falk D.A.，et al. Foundations of restoration ecology[M]. Vol. Second. Washington，D.C：Island Press，2016.

[49] Ruiz- Jaen M.C. and T. Mitchell Aide. Restoration Success：How Is It Being Measured? [J]. Restoration Ecology，2005，13（3）：569-577.

[50] Proença V.M.，et al. Plant and bird diversity in natural forests and in native and exotic plantations in NW Portugal[J]. Acta Oecologica，2010，36（2）：219-226.

[51] Gaston K.J. and T.M. Blackburn. Birds，Body Size and the Threat of Extinction[J]. Philosophical Transactions Biological Sciences，1995，347（1320）：205-212.

[52] Mugo D.N.，et al.，Distribution and protection of endemic or threatened rodents，lagomorphs and macrosceledids in South Africa[J]. Zoologica Africana，1995，30（3）：115-126.

[53] 张雁云，张正旺，董路，等. 中国鸟类红色名录评估 [J]. 生物多样性，2016，24（5）：568-577.

[54] 陈水华，丁平，范忠勇，等. 城市鸟类对斑块状园林栖息地的选择性 [J]. 动物学研究，2002，23（1）：31-38.

[55] 陈水华，丁平，郑光美，等. 岛屿栖息地鸟类群落的丰富度及其影响因子 [J]. 生态学报，2002，22（2）：141-149.

[56] 赵万民. 三峡工程与人居环境建设 [M]. 北京：中国建筑工业出版社，1999：1-5.

[57] 吴良镛. 人居环境科学的探索 [J]. 规划师，2001，17（6）：5-8.

[58] Boulinier T.，et al. Forest fragmentation and bird community dynamics：inference at regional scales[J]. Ecology，2001，82（4）：1159-1169.

[59] 陈水华，丁平. 城市鸟类群落生态学研究展望 [J]. 动物学研究，2000，21（2）：165-169.

[60] 崔鹏，邓文洪. 鸟类群落研究进展 [J]. 动物学杂志，2007，42（4）：149-158.

[61] 汪殿蓓，暨淑仪，陈飞鹏. 植物群落物种多样性研究综述 [J]. 生态学杂志，2001，20（4）：55-60.

[62] Tilman D.，P.B. Reich and F. Isbell. Biodiversity impacts ecosystem productivity as much as resources，disturbance，or herbivory[A]. Proceedings of the National Academy of Sciences of the United States of America，2012，109（26）：10394-10397.

[63] Liu Y. and W.U. Hui-Xian. The Ecology of Invasions by Animals and Plants[J]. Biodiversity & Conservation，2000，10（9）：1601-1601.

[64] 张永泽，王烜. 自然湿地生态恢复研究综述 [J]. 生态学报，2001，21（2）：309-314.

[65] 崔保山，刘兴土. 湿地恢复研究综述 [J]. 地球科学进展，1999，14（4）：358-364.

[66] 任海，彭少麟，陆宏芳. 退化生态系统恢复与恢复生态学 [J]. 生态学报，2004. 24（8）：1756-1764.

[67] 赵晓英，孙成权.恢复生态学及其发展 [J].地球科学进展，1998，13（5）：474-480.

[68] 肖笃宁，李秀珍.景观生态学的学科前沿与发展战略 [J].生态学报，2003，23（8）：1615-1621.

[69] 傅伯杰，吕一河，陈利顶，等.国际景观生态学研究新进展 [J].生态学报，2008，28（2）：798-804.

[70] 邬建国.景观生态学：格局、过程、尺度与等级 [M].北京：高等教育出版社，2007.

[71] 邬建国.景观生态学——概念与理论 [J].生态学，2000，19（1）：42-52.

[72] 赵淑清，方精云，雷光春.物种保护的理论基础——从岛屿生物地理学理论到集合种群理论 [J].生态学报，2001，21（7）：1171-1179.

[73] Hanski I. and D. Simberloff. The Metapopulation Approach，Its History，Conceptual Domain，and Application to Conservation[J]. Metapopulation Biology，1997：5-26.

[74] Laiolo and Paola. Spatial and Seasonal Patterns of Bird Communities in Italian Agroecosystems[J]. Conservation Biology，2010，19（5）：1547-1556.

[75] 蒋文伟，刘彤，丁丽霞，等.景观生态空间异质性的研究进展 [J].浙江农林大学学报，2003，20（3）：311-314.

[76] 富伟，刘世梁，崔保山，等.景观生态学中生态连接度研究进展 [J].生态学报，2009，29（11）：6174-6182.

[77] Xiao D.，F. Xie and J. Wei. Regional ecological construction and mission of landscape ecology[J]. Chinese Journal of Applied Ecology，2004，15（10）：1731.

[78] 俞孔坚.景观：文化、生态与感知 [M].北京：科学出版社，1998.

[79] 王海涛.鸟类群落结构形成的因素分析 [D].东北师范大学，2003.

[80] Natuhara Y. Evaluation and Planning of Wildlife Habitat in Urban Landscape[M]. Springer Netherlands，2007.

[81] Imai H. and T. Nakashizuka. Environmental factors affecting the composition and diversity of avian community in mid- to late breeding season in urban parks and green spaces[J]. Landscape & Urban Planning，2010，96（3）：183-194.

[82] Macivor J.S. and J. Lundholm. Insect species composition and diversity on intensive green roofs and adjacent level-ground habitats[J]. Urban Ecosystems，2011，14（2）：225-241.

[83] Sodhi N.S.，et al. Bird use of linear areas of a tropical city：implications for park connector design and management[J]. Landscape & Urban Planning，1999，45（2–3）：123-130.

[84] E. 麦尔，郑作新.动物分类学的方法和原理 [J].动物学杂志，1965（5）.

[85] 王红英.以野生动物为对象的休闲旅游影响与评价研究——以生态观鸟旅游为例 [D].北京林业大学.2008.

[86] Morrison M.L.，B.G. Marcot and R.W. Mannan. Wildlife-habitat relationships：concepts and applications [M]. Vol. 3rd. Washington：Island Press，2006.

[87] Allen A.W.，et al. Habitat suitability index models：Mallard（winter habitat，lower Mississippi Valley）. 1987.

[88] Roloff G.J. and J.J. Millspaugh. Validation Tests of a Spatially Explicit Habitat Effectiveness Model for Rocky Mountain Elk[J]. Journal of Wildlife Management，2001，65（4）：899-914.

[89] Smith W.P.，S.M. Gende and J.V. Nichols. The northern flying squirrel as an indicator species of temperate rain forest：Test of an hypothesis[J]. Ecological Applications，2005，15（2）：689-700.

[90] Steinitz C. Alternative futures for changing landscapes：the Upper San Pedro River Basin in Arizona and Sonora[M]. Washington，DC：Island Press. 2003.

[91] Reynolds and John M. An introduction to applied and environmental geophysics[M]. 2nd ed. John Wiley & Sons，2011.

[92] Tarvin K.A. and M.C. Garvin. Habitat and nesting success of blue jays（Cyanocitta cristata）：Importance of scale[J]. Auk，2002，119（Oct 2002）：971-983.

[93] 刘成明 . 面向复杂系统决策的层次分析权重处理方法及其应用研究 [D]. 吉林大学，2006.

[94] 钟文武，王文玉，孙昳，等 . 模糊综合评价法在抚仙湖种质资源保护区水质评价中的应用 [J]. 水产科学，2015，34（3）：182-187.

[95] 李相逸，曹磊 . 基于景观环境综合评价的七里海湿地恢复研究 [J]. 天津大学学报（社会科学版），2017，19（3）：241-247.

[96] 叶林 . 城市规划区绿色空间规划研究 [D]. 重庆大学，2016.

[97] 黄铭洪 . 环境污染与生态恢复 [M]. 北京：科学出版社，2003.

[98] 任海，方代有 . 小良热带人工混交林的凋落物及其生态效益研究 [J]. 应用生态学报，1998，9（5）：458-462.

[99] 刘钟龄，王炜，郝敦元 . 内蒙古草原退化与恢复演替机理的探讨 [J]. 干旱区资源与环境，2002，16（1）：84-91.

[100] 申文明，张建，王文杰，等 . 基于 RS 和 GIS 的三峡库区生态环境综合评价 [J]. 长江流域资源与环境，2004，13（2）：159-162.

[101] 肖寒，欧阳志云，赵景柱，等 . 森林生态系统服务功能及其生态经济价值评估初探——以海南岛尖峰岭热带森林为例 [J]. 应用生态学报，2000，11（4）：481-484.

[102] 黄志霖，傅伯杰，陈利顶 . 恢复生态学与黄土高原生态系统的恢复与重建问题 [J]. 水土保持学报，2002，1（3）：122-125.

[103] 柏方敏，戴成栋，陈朝祖 . 国内外防护林研究综述 [J]. 湖南林业科技，2010，37（5）：8-14.

[104] 张舰，李昕阳 . "城市双修" 的思考 [J]. 城乡建设，2016（12）：16-21.

[105] 麦克哈格 . 设计结合自然 [M]. 北京：中国建筑工业出版社，1992.

[106] 傅伯杰，等 . 景观生态学原理及应用 [M]. 北京：科学出版社，2001.

[107] Sukopp H. and S. Weiler. Biotope mapping and nature conservation strategies in urban areas of the Federal Republic of Germany[J]. Landscape & Urban Planning，1988，15（1–2）：39-58.

[108] Zerbe S.，et al. Biodiversity in Berlin and its potential for nature conservation[J]. Landscape & Urban Planning，2003. 62（3）：139-148.

[109] 克雷格·格罗夫斯，等 . 生物多样性保护规划编制指南 [M]. 北京：中国环境出版社，2014.

[110] 俞孔坚 . 生物保护的景观生态安全格局 [J]. 生态学报，1999，19（1）：8-15.

[111] 王如松 . 复合生态系统理论与可持续发展模式示范研究 [J]. 中国科技奖励，2008，1（4）：21-21.

[112] 俞孔坚，李迪华，刘海成 . "反规划" 途径 [M]. 北京：中国建筑工业出版社，2005.

[113] 王云才 . 景观生态规划原理 [M]. 北京：中国建筑工业出版社，2007.

[114] 李相逸 . 七里海湿地植物群落与动物生境的景观生态化恢复研究 [D]. 天津大学，2014.

[115] 李相逸，曹磊，殷丽娜 . "人类世生态系统" 理念下的城市湿地修复 [C]. 中国城市规划年会，2016.

[116] Grimes L. Biological Conservation[J]，2005，126（3）：441-442.

[117] 周俊启 . 天津大黄堡湿地资源现状及保护利用 [J]. 天津农林科技，2013（2）：34-37.

[118] 王新华，王宏鹏，纪炳纯 . 大黄堡湿地自然保护区浮游动物研究与水环境评价 [J]. 南开大学学报（自然科学版），2008（1）：44-50.

[119] 刘克，赵文吉，杜强，等 . 北大港湿地动态变化特征研究 [J]. 资源科学，2010，32（12）：2356-2363.

[120] 张光玉，汪苏燕 . 天津湿地与古海岸遗迹 . 北京：中国林业出版社，2008.

[121] 冯小平，王义东，陈清，等 . 天津滨海湿地土壤盐分空间演变规律研究 [J]. 天津师范大学学报（自然版），2014，34（2）：41-48.

[122] 李洪远，孟伟庆 . 滨海湿地环境演变与生态修复 [M]. 北京：化学工业出版社，2012.

[123] Croonquist M.J. and R.P. Brooks. Use of avian and mammalian guilds as indicators of cumulative impacts in riparian-wetland areas[J]. Environmental Management，1991，15（5）：701-714.

[124] 彭少麟，任海，张倩媚 . 退化湿地生态系统恢复的一些理论问题 [J]. 应用生态学报，2003，14（11）：2026-2030.

[125] Dunn C.P., J.M. Klopatek and R.H. Gardner. Landscape Ecological Analysis：Issues and Applications[M]. Springer，New York，1999.

[126] Taulman J.F. A Comparison of Fixed-Width Transects and Fixed-Radius Point Counts for Breeding-Bird Surveys in a Mixed Hardwood Forest[J]. Southeastern Naturalist，2013，12（3）：457-477.

[127] 蔡音亭，干晓静，马志军 . 鸟类调查的样线法和样点法比较：以崇明东滩春季盐沼鸟类调查为例 [J]. 生物多样性，2010，18（1）：44-49.

[128] Wilson R.R., D.J. Twedt and A.B. Elliott. Comparison of line transects and point counts for monitoring spring migration in forested wetlands[J]. Journal of Field Ornithology，2000，71（2）：345-355.

[129] 萨拉，田乐，陈立欣 . 北京城区公园景观格局对夏季鸟类群落的影响 [J]. 景观设计学（英文），2016，4（3）：10-21.

[130] Clergeau P.，et al. Bird abundance and diversity along an urban-rural gradient：a comparative study between two cities on different continents. Condor，1998：413-425.

[131] Burle J.B.，Yun-feng Yang，Corroborating Structural/Spatial Treatments A Brook Trout Habitat Suitability Index Case Study [J]. Landscape Architecture，2011（4）：35.

[132] Tibshirani R. Regression shrinkage and selection via the lasso[J]. Journal of the Royal Statistical Society. Series B（Methodological），1996：267-288.

[133] 姚燕云，蔡尚真 . 基于 LASSO 回归的葡萄酒评价研究 [J]. 云南农业大学学报，2016，31（2）：294-302.

[134] Benayas J.M.R.，et al. Enhancement of biodiversity and ecosystem services by ecological restoration：a meta-analysis[J]. Science，2009，325（5944）：1122.

[135] 帕特里克·穆尼，熊瑶，王云才 . 加拿大下弗雷泽河盆地鸟类栖息地使用情况研究：对于城市规划和生态保护的意义 [J]. 风景园林，2011（5）：143-155.

[136] 郑光美 . 中国鸟类分类与分布名录 [M]. 北京：科学出版社，2011.

[137] 杨岚，雷富民 . 鸟类宏观分类和区系地理学研究概述 [J]. 动物分类学报（英文），2009，34（2）：316-328.

[138] 黄广远 . 北京市城区城市森林结构及景观美学评价研究 [D]. 北京林业大学，2012.

[139] 郝日明，张明娟．中国城市生物多样性保护规划编制值得关注的问题 [J]．中国园林，2015，31（8）：5-9．

[140] 袁泽亮．天津大黄堡湿地生物多样性及保护利用 [J]．林业资源管理，2005（6）：65-68．

[141] 王斌，曹喆，张震．北大港湿地自然保护区生态环境质量评价 [J]．环境科学与管理，2008，33（2）：181-184．

[142] 张般般，秦艳筠，黄唯子，等．天津官港湿地植物群落及其种类分析 [J]．天津农林科技，2015（6）：6-9．

[143] 李兰兰，莫训强，孟伟庆，等．七里海古泻湖湿地植被特征及其植物物种多样性研究 [J]．南开大学学报（自然科学版），2014（3）：8-15．

[144] Morrison M.L., et al. Wildlife Study Design[M]. Springer, New York, 2008.

[145] Evans K.L., S.E. Newson and K.J. Gaston. Habitat influences on urban avian assemblages [J]. Ibis, 2009, 151（1）: 19-39.

[146] Tews J., et al. Animal species diversity driven by habitat heterogeneity/diversity: the importance of keystone structures [J]. Journal of biogeography, 2004, 31（1）: 79-92.

[147] Wang Y., et al. Nestedness of bird assemblages on urban woodlots: Implications for conservation [J]. Landscape and Urban Planning, 2013, 111: 59-67.

[148] 谢世林，曹垒，逯非，等．鸟类对城市化的适应 [J]．生态学报，2016，36（21）：6696-6707．

[149] 黄越．北京城市绿地鸟类生境规划与营造方法研究 [D]．清华大学，2015．

[150] 张皖清，董丽．北京城市公园中鸟类对植物生境及种类的偏好研究 [J]．中国园林，2015，31（8）：15-19．

[151] Helzer C.J. and D.E. Jelinski. The relative importance of patch area and perimeter–area ratio to grassland breeding birds [J]. Ecological applications, 1999, 9（4）: 1448-1458.

[152] Lethlean H., et al. Joggers cause greater avian disturbance than walkers [J]. Landscape and Urban Planning, 2017, 159: 42-47.

[153] Fernández-Juricic E. Spatial and temporal analysis of the distribution of forest specialists in an urban-fragmented landscape（Madrid, Spain）: implications for local and regional bird conservation[J]. Landscape and Urban Planning, 2004, 69（1）: 17-32.

[154] Mooney P. Avian Habitat Use in Canada's Lower Fraser River Basin: Implications for Urban Planning and Conservation[J]. Landscape Architecture, 2011, 5: 34.

[155] Burley J.B. Multi-model habitat suitability index analysis in the Red River Valley[J]. Landscape and urban planning, 1989, 17（3）: 261-280.

[156] DeGraaf R.M. Forest and rangeland birds of the United States: natural history and habitat use. U.S. Dept. of Agriculture, Forest Service: Washington, D.C. 1991.

[157] Wiens J.A., J.T. Rotenberry and B. Van Horne. Habitat occupancy patterns of North American shrubsteppe birds: the effects of spatial scale. Oikos, 1987: 132-147.

[158] Zhou D. and L. Chu. How would size, age, human disturbance, and vegetation structure affect bird communities of urban parks in different seasons? [J]. Journal of ornithology, 2012, 153（4）: 1101-1112.

[159] Melles S., S. Glenn and K. Martin. Urban bird diversity and landscape complexity: species–environment associations along a multiscale habitat gradient[J]. Conservation Ecology, 2003, 7（1）.

[160] Mckinney R.A., K.B. Raposa and R.M. Cournoyer. Wetlands as habitat in urbanizing landscapes: Patterns of bird abundance and occupancy[J]. Landscape & Urban Planning, 2011. 100（1–2）: 144-152.

[161] Lerman S.B., et al. Using urban forest assessment tools to model bird habitat potential[J]. Landscape & Urban Planning, 2014, 122（122）: 29-40.

[162] David Palomino and Luis M. Carrascal. 人类休闲活动对森林鸟类群落无有害影响 [J]. 动物学报（Current Zoology）, 2007, 53（1）: 54-63.

[163] Huang Y., et al. The Effects of Habitat Area, Vegetation Structure and Insect Richness on Breeding Bird Populations in Beijing Urban Parks[J]. Urban Forestry & Urban Greening, 2015, 14（4）: 1027-1039.

[164] Wittmer H., et al. TEEB - The Economics of Ecosystems and Biodiversity[J]. Austral Ecology, 2011, 36（6）: e34–e35.

[165] Moskal J. and J. Marszalek, Effect of habitat and nest distribution on the breeding success of the great crested grebe Podiceps cristatus on Lake Zarnowieckie. 1986.

[166] Mergus. Common Merganser. Western Soundscape Archive, University of Utah, 2007.

[167] 辜永河. 白鹭的栖息地与取食行为的研究 [J]. 动物学杂志, 1996（3）: 23-24.

[168] 宋立奕. 辽宁红铜沟大白鹭和苍鹭栖息地调查 [J]. 辽宁林业科技, 2001（6）: 19-19.

[169] 罗康, 白皓天, 吴兆录, 等. 滇池湿地的鸻鹬类及铁嘴沙鸻和弯嘴滨鹬云南新分布 [J]. 四川动物, 2013, 32（6）: 926-931.

[170] 衡楠楠, 牛俊英, 张斌, 等. 鸻形目鸟类对南汇滨海滩涂的生境选择 [J]. 复旦学报（自然科学版）, 2011（3）: 296-301.

[171] 翟国威. 黄河湿地豫东段水鸟群落多样性和生境选择研究 [D]. 河南大学, 2009.

[172] 唐剑, 鲁长虎, 袁安全. 洪泽湖东部湿地自然保护区雁鸭类种类组成、数量及生境分布 [J]. 动物学杂志, 2007, 42（1）: 94-101.

[173] 李玉杰. 黄河中游湿地大天鹅生境评价与保护管理对策研究——以山西省平陆县黄河湿地为例 [J]. 林业资源管理, 2017（1）: 98-103.

[174] 蒋剑虹, 戴年华, 邵明勤, 等. 鄱阳湖区稻田生境中灰鹤越冬行为的时间分配与觅食行为 [J]. 生态学报, 2015, 35（2）: 270-279.

[175] 王琳. 八种鸫属鸟类鸣声特征及其适应性进化研究 [D]. 东北师范大学, 2013.

[176] 熊瑶, 杨云峰. 风景园林规划中的湿地恢复与利用探讨——以秦皇岛海滨国家森林公园湿地园规划设计为例 [J]. 西南师范大学学报（自然科学版）, 2010, 35（1）: 175-179.

[177] Milburn L., et al. Assessing academic contributions in landscape architecture[J]. Landscape & Urban Planning, 2003, 64（3）: 119-129.